U0320074

野趣盆栽

林国承 ◎ 著

连慧玲 ◎ 摄影

海峡出版发行集团
THE STRAITS PUBLISHING & DISTRIBUTING GROUP

福建科学技术出版社
FUJIAN SCIENCE & TECHNOLOGY PUBLISHING HOUSE

目　录

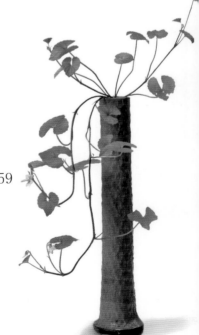

第五章◎盆栽实例

道法自然的野草栽培

接触植物近30年来，总是对栽培草本植物有种排斥的心理，认为既已对盆中植物下了一番心血，它们就该按我们的要求达成某种形态，并且还应该长久维持下去，但年过50才突然惊觉自己的人生早已过半，若自己都不是恒久的长青之身，有权力、能力来要求植物也要违背常理吗？

早年一味搜寻外来的稀有品种，竟忽略了身旁就有许多不曾注意的优良本土植物，年轻时想在植物上施予各种园艺技巧，展现高人一等的功夫，现在想来也觉得可笑，或许岁月真是最好的教师。

草本植物寿命虽不长，但在短暂的时间内却有完整的生命历程，它们的外形不易由人控制，而展现的风姿也已不需人为操弄。本土植物取材方便，有着浓厚的亲切感，再加上早已适应这里的环境，又哪是外来植物可以相比？近年来接触本土野生植物愈见频繁，也愈能领略它们的美，希望能借着这本书，把我的经验，我的喜悦，与所有喜欢植物的朋友分享。

林国承

编者序

十步之内必有芳草

在花市中看到摆在地上待价而沽的山采老树头，总是让人痛心。为了满足老树速成的心理，卖家深入山林，挖掘老根。然而，盆景真的必须如此栽植吗？第一次看到林国承先生的作品，闷了许久的疑问，自然解开了。林国承的盆栽，就是有着说不出的自然天成，就像明代书画家徐渭所说："从来不见梅花谱，信手拈来自有神。"我想他是喜爱自然、深解植物语言的人。

林国承虽然大隐于市，30多年来却毫无间断地，每天天一亮就出发，一个人在山上自己的农场里"上班"，更难得的是，农场里的许多植物都是由各处捡回来的种子播种，或是由小枝扦插繁殖的，小小一盆，往往已经照顾了一二十年。他从不使用铝线缠树造型，认为不自然，不过他自有让植物生长的各种方式。长年与植物相处，他了解植物，熟悉它们的各种需求，正因如此，才能如徐渭的后两句"不信试看千万树，东风吹着便成春"。

农场里千百盆植物都像他的家人，每一株的高度多少、干围多粗、换过几次盆、盆高几厘米，他都了如指掌，他说："我的脑子就是用来记这些的。"他的许多种植心得，本书都将详说。

莳花植卉是许多人的兴趣，制作盆景却往往被认为有些难度，不敢介入。其实，了解植物并不难，用心加上经验，就能累积功力。当然，掌握前人的经验，就如园艺作业中的压条法，更能嫁接专家数十年的功力。如果你还是对自己没信心，就从身边的野花野草开始吧！

古人云："十步之内必有芳草"。一点不假，如果你刚吃完一个柿果或是橘子、龙眼、荔枝，收拾种子，就可以择期播种，培育一盆果树盆栽，甚至种成果树森林。遇到有人除草、砍树，剪几段细枝带回家扦插，许多珍品的分身，就靠这门简单的技术；若遇工程整地，可先行抢救中意的野花野草回来；如果发现被丢弃的盆栽，也可以捡回家，试试你能否妙手回春。其实，园艺素材又何需一定要到花市寻找，有时，自家花盆里，风、鸟带来的种子长成了"杂草"，收起欲除之而后快的冲动，稍微料理，移入新盆，这些杂草就会展现意想不到的风姿。

当你真能领略"十步之内必有芳草"后，你会发现到处都是宝，大自然当真取之不尽，用之不竭，这时必须注意的是"弱水三千，只取一瓢"。作者在书中特别强调，个人的能力有限，野外采集时，撷取自己能够照顾的数量即可。尤其在各保护区内，或是面对保护植物，都应严守分寸，一介不取。园艺是"美"之事，当从养心为美开始，方能培育出具有气质的作品。

尝试种野花野草，除了满足园艺喜好外，还要对野生植物的生长状况进行观察。传统的盆景，很少取材草本植物，因为花草的四季变化太大，尤其一年生花草，更不宜修剪，对于专业者而言，既无挑战性，又没有能够长期悉心培育的成就感。然而，许多花草，如绶草、夏枯草、耳挖草等的叶、花、果实都非常具有观赏性，即使只能作为短期欣赏，也值得用心栽培。

多年生的木本植物，是造型的好材料，也最能考验能力，值得长期投入心力。如能获取本书的技法，累积自身的经验，便能轻松上手，但要让盆景格调臻于上乘，勤于对大自然的观察、领悟与提高美的涵养，才是不二法则。

本书撰写过程长达两年，感谢林国承先生在此期间容忍编辑的一再打扰，不断提供作品，且不厌其烦地示范各种步骤解说。此外，配合编辑工作两年的摄影师连慧玲小姐，她要求完美、热情投入的工作精神，尤其令人钦佩。为了让书中盆栽具有居家摆饰的气氛，我们努力寻找邻居朋友美丽的居家作为拍摄现场，也获得他们的慷慨相助，能成就此书，真是诸多感激。

最后要谢谢黄世富先生，协助完成书中许多植物的鉴定及其学名的确认。

第一章◎取材与繁殖

野外采集

　　想要拥有植物，除了购买、获赠，恐怕就是野外采集了。从生态保护观点来看，采集似乎隐含了破坏自然的可能，其实只要谨守原则，就不用担心对大自然造成影响。

种子采集

　　采集种子是最自然的野生植物取得的方式。多数野生植物是靠种子繁殖，采集种子时要以不破坏植株为原则。各种植物的体形大小、种子形态都不尽相同，高大的树在安全无虞的情况下，可爬上树摘取种子，或使用伞柄、登山手杖钩低枝丫摘取。若寻找地面自行掉落的种子则更轻松。虽然低矮型植物种子的采集容易得多，但有些果实成熟后会爆开，种子也会随之飞散，采集时可用塑料袋小心地将果实罩住，束紧袋口后，剪断果柄即可。种子采集后必须依种类分别盛装，并立即贴上植物名称，免得弄混或遗忘了。

（百合）

（青枫）

掌握采种时机

　　采收成熟的种子才能提高发芽率。一般草花在开花后约一个月，种子就已成熟，木本植物则需开花后两三个月或更长的时间。判断种子是否成熟并不难，果实膨大转褐色或因熟透而开裂时，就是采集的时机。

野外到处看得到成熟的野草（夏枯草）果实，果实中的种子正孕育着无数的生命。

枝条采集

　　大多数植物可用扦插法繁殖。采集枝条并不会伤害植株，可选择挡住道路的，或可能绊到脚的，或可能撞到头的枝条剪取。善于利用自然的人，在采撷时，也能对环境稍作整理，一举两得。

　　木本植物的枝条采集，要剪取已成熟的新枝，也就是当年新发出的枝梢，但颜色已变深，且硬化不软嫩的，长度约在30厘米以下，长了不易携带。

　　剪下枝条后，先去除尖端最细嫩的一小段，若叶片较大，也要先把叶片剪去一半，然后取一小张湿润的报纸包住下方切口，以橡皮筋束紧，再以喷雾器把这些枝条的叶面叶背都彻底喷湿，最后用湿报纸包覆，放入塑料袋中。

　　枝条要尽量保留能装入背包的长度，若剪成小段，虽易于收纳，但时间长了却会增加脱水与感染病害的机会，因此，等回家后扦插前再分剪为好。

　　草本植物的枝、茎、叶较柔软，采集枝条时，不妨携带一个轻质的塑料盒，如超市中盛装冰淇淋的容器，先在盒底铺层湿报纸，放入枝条，然后喷些水，上方再覆盖一层湿报纸。枝条以不挤压且不超出盒外为宜。

　　剪取藤类植物时要特别注意，藤类植物通常绕着其他植物或攀爬岩面生长，有时会出现某部分枝条扭曲的现象，如果只为了从中剪取一小段，前端长长的一大串就会全部枯死，不可不注意。

以湿报纸包覆采集的枝条或苗木，再置入泡沫塑料盒或塑料袋，就具有极佳的保湿效果。

采集树干下方长出的新枝来扦插，不但成活率高，将来树型也比较好看。

苗木采集

采集苗木会影响自然环境吗？若观念正确且适度适量，无伤害可言。采集小苗不一定需往郊野，市区中就有许多可供利用的资源，例如绿地上、绿篱边、大树下、公园中，都有自行落果而萌出的小苗。人为除草、行人践踏、杂物掩埋、日照不足、过干过湿等条件，都将使它们难以存活，若能带回家，在另外一方天地开花结果，也算功德一件。有些野生环境中的小苗，实际情况也差不多，能够顺利长大的树，恐怕千中也不得一，了解生态环境后，采集生长在易遭践踏的路径、溪流沙洲、落石坍方处与即将开垦之地等的幼苗，也就绰绰有余了。在国家公园，或自然保护区内，无论如何，请勿动手，遵守法规仍是第一要件！

采取小苗木，只要一把小铲子就够了。先提住苗木的中段部位，铲子插入苗木下方撬起即可。要注意，别提在靠近土面的茎基部，否则容易使树皮脱落而枯死；另一方面，剪短苗木后，新芽常会由基部发出，若弄伤树皮会影响萌芽。

掘起的苗木，先剪去最尖端柔嫩的一小截，以报纸卷起放入塑料袋内。若碰到较大的苗木，根已深入土中，可用小铲子将基部周围的土挖松，再用剪刀将直根剪断，只需留下几厘米长度。过长的根，在入盆之际终究要剪除，如果硬要完整挖出，不但耗时费力，还会破坏地表。必须挖掘才能取得的苗木，必定已有了相当高度，剪除直根后，也要减轻上方的负担，若有明显的芽点或节，就留下两三节的长度，将上方剪断；若无明显的节或芽点，留下约10厘米的长度，通常枝干与根保留的长度比例约为二比一。

取得的苗木，若根系的土团脱落，可用喷雾器喷湿，再以报纸卷起收入袋中；若还带有土团，则以报纸折成杯状，置入后喷湿，再盛入袋中。挖取苗木时，可顺便带回一些植株附近的土壤用来种植。因为取回的苗木越快入盆越好，所以最好在现场先将土中杂物，如石块、树枝、枯叶、杂草等剔除，回家后可减少上盆的时间。小苗上盆后先放在半阴处，待新芽长出再移至理想地点。自行萌发的苗木通常都相当强壮，成活率高。

采集枝条与苗木宜避开夏日，即使春秋两季，也最好选择阴天。

自然环境中，常见大树下冒出许多小苗，尤其在春天，去年落下的种子发芽生长。这些有大树庇荫的小生命，经常也会被当作杂草拔除，不妨直接移植到培养盆中栽培。

繁殖技法

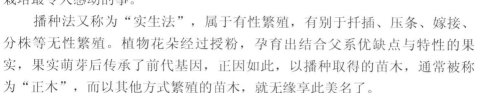

播种——最自然的繁殖法

看着种子发芽，渐渐抽枝长叶，近距离观察它们的生长，冥冥中进行着生命的关怀与欣赏，是栽培最令人感动的事。

播种法又称为"实生法"，属于有性繁殖，有别于扦插、压条、嫁接、分株等无性繁殖。植物花朵经过授粉，孕育出结合父系优缺点与特性的果实，果实萌芽后传承了前代基因，正因如此，以播种取得的苗木，通常被称为"正木"，而以其他方式繁殖的苗木，就无缘享此美名了。

然而，看似简单的播种，仍要有点技巧，因为有时播了种却不发芽，有时发芽后很快就凋萎，或者成活了却又长不好。这当中可能的因素颇多，播种方法、时机、照料方式和摆置地点等等都是关键。

播种与育苗方式（青枫）

1. 盆底孔铺上网后，将较大粒的土置于底部，约2厘米厚，再把较细粒的土铺至约盆深三分之二的高度，就可将种子点播于土面。

2. 在表层覆盖薄薄一层土，将种子完全盖住，并充分洒水。

3. 播种后两个月，植物已长出数片叶子，可以进行移植。

4. 小苗可一一移植到单独的盆体栽培，也可直接合植在观赏盆中，创造一个小小树林的景观。

5. 搭配青苔作为"林"下植被，更能增加美感。

细小种子的播种（枫香）

轻敲或揉搓果实，取出细小的种子。

极细小的种子很不容易均匀铺于土表，可与细土混合搅拌后再撒布盆面，此时不需要再覆土。

浇水时为避免将种子冲出，最好以盆底吸水的方式给水。

发芽后两个月的状态。

播种前的处理

采下的种子越新鲜，活力就越强，一般来说常绿植物都可即采即播。但对于落叶树、冬季地上部会枯萎的宿根性草花、一年生草本植物，最好先储存，等到来春再播，以避免种子在土壤中停留太久，被虫鸟吃了或腐烂。

种子的种类极多，对于有外壳保护的，如蒴果、荫果、荚果，储存时无须剥除外壳；但包于果肉内的种子，就要先清除果肉、风干后保存。种子是有生命的，缓慢的呼吸作用也可能造成失水干缩，所以种子要收藏在密封的塑料袋或瓶罐内，置于阴凉处。在预备播种的前几天，可先把种子放入冰箱的冷藏室（非冷冻室），使种子产生促进发芽的激素，萌芽状况就会好些；尤其高山地区所采集的种子，最好能在播种前一二个月就冷藏，等到天暖时播种，便能迅速萌芽。

播种的四个备忘

宜用浅盆：深盆底部常因过湿，致使种子萌发后新根腐烂，即使正常发育，太长的根部也会对移植造成困扰，故使用浅盆播种较为合适。

适当覆土：对许多动物而言，种子是营养丰富的天然食品，虫、鼠、鸟都视其为美味大餐。因此，覆土略加保护很有必要。但需注意，若盖土过厚，反而可能造成萌芽不良。尤其细小种子的芽，比不上大种子有力，覆土太厚有可能导致芽无力冒出。

放置角度：可采用各种不同的角度放置种子，种子有尖端、钝端、宽面、窄面，种皮裂开后，芽与根必定一上一下各自发展，若种子摆放的角度不同，它们会自行翻转调整，于是直的、斜的、弯的，甚至S形的形态一一产生，虽然不见得线条都优美，但已有了初步造型，日后整姿也可省下一道手续。

适量播种：播种后，新苗常会萌发过多，要是无法完全处理，不妨分送有兴趣的亲朋好友，要不就得控制播种的数量，以免萌芽之后丢弃，于心不忍！

从实生苗到盆景（防葵）

1.播种后当年长出的幼苗。

3.连盆土一起取出，将环绕在土团周围的细根剪除。

2.将幼苗单独移入盆中。栽培两年后的样貌。

4.移入内径只容一指的迷你观赏盆，看起来植株反而变大了。

塑型从播种开始

预备播种用的盆钵只装一半土，待芽萌出快达盆上缘时，盖上一块透光的玻璃或亚克力板，大小要正好能跨在盆缘，但两边缘必须露空，保持透光、透气，也能浇水。新芽往上生长时受到了阻挡，就会自行寻找可供伸展的途径，于是歪扭曲折的有趣形态就出现了。待这些苗木已开始出现过度拥挤情形时，便可掀开玻璃，再依不同的体态选择合适的盆钵移植。

扦插——风险最低的倍增法

扦插又称"插枝"，可以大量取材，又比播种的生长速度快得多，是最简单最被广泛使用的繁殖方法。若仅就字面解读，扦插似乎只是将一截枝条插入土中而已，然而，扦插的时机、枝条的选取、插穗切口的处理方式、培养介质以及平日管理、栽培环境等等，都与日后的成长息息相关，仍有不少学问。

扦插的吉时

一般人常以为春天是适合各种园艺作业的好时机，其实不然。以落叶树种为例，春天发芽夏天成长，入秋后贮存养分，以备度过冬季休眠期。依这循环来看，气温渐暖的春季，确是植物生长的好时机。不过，去年秋季贮存的养分，早已消耗于无法进行光合作用的落叶，因此，初春植物其实很虚弱，必须尽快冒出新芽，进行光合作用，以补回损失，只有等到叶片多了，才逐渐恢复体力。因此，依实际经验，草本植物在春末，木本植物在初夏（生长较慢时）才是扦插的吉时。

插穗的选择与处理

插穗也可决定树型：扦插主要是为了繁殖新株，新株长成后，固然可用修剪或整姿的方式来塑造树型，但若能在扦插的同时就先安排基本体态，岂不更好？选择插穗，不见得笔直才好，曲折或分叉的枝条，日后更能轻松自然地造就出曲干、双干、三干、丛生等树型；若将插穗斜插入土中，日后要育出"斜干"、"悬崖"这类姿态，也能事半功倍。

扦插的过程实例 1（小叶桑）

从大树上剪取一段枝条。　　分剪成小段，将叶子也剪去大半，减少水分蒸发。　　直插或斜插，以便将来取得的苗木姿态多样。

切口该平还是斜？

斜切口的面积较大，吸水能力也随之变大，发根虽然较快却不很均匀，且多会集中在斜面下方；水平切口虽然吸水面积较小，但新生根系却能分布在切口四周，对日后的发育较有帮助。原则上，发根良好远比发根快速重要得多。

扦插的过程实例2（榔榆）

1. 选择健康的枝条。

2. 从长枝条中再分剪出略有造型的小段。

3. 插入配好土的盆中，插穗之间略相靠着以防倾倒。全数插完后，轻轻喷洒雾水至盆土湿透。

4. 扦插半年后，由盆中取出，可见根系发育完整。

5. 整理过长的枝叶与根系后，分别种入小培养盆。

切口须清洁平整：插穗能不能发根成活，与下方切口的处理，关系非常密切。首先要确定剪刀的锐利度，若刃口已钝、有缺口或密合度不良，切口必定不平整，甚至可能造成枝条破皮或组织遭挤压破裂，这是造成腐烂的主要原因。除此，刀刃也务必清洁，若经常使用却未作清理，刃面会存留树液，若曾用来修根，还会附着泥土，这些物质若沾附于切口，都可能使切口腐烂。

使用清洁又易于排水的土壤

选择扦插的土壤，必须保水、排水及干净，是否有养分并不重要。

切口，也是超大伤口，土质不洁就会使之感染而腐烂。况且，此时的插穗，是靠着枝条中贮存的养分供叶片生长，并经叶片进行光合作用产生出更多的新养分，送回下方帮助伤口愈合、发根，因此，发根之前插穗只能吸收土壤中的水分，无法吸取养分，所以请务必抛弃扦插土壤须养分充足这个观念。

将排水良好的粗粒土铺于盆底约三分之一厚度，上层使用保水优良的细粒土，若求更讲究，可在粗细土之间再铺一层中粒土。太过黏重的土，保水虽好却发根不易，只要植株不会倾倒，松软土质反而较有助于发根。

插入时需注意插穗的状况，外皮较韧者可直接插入。草本植物往往皮薄、枝条柔软或中空，若直接插入，有可能造成破皮、折弯或切口裂开、翻卷等伤害，此时可用粗细相近的小木棒先插出洞，再放入插穗，然后拢紧土面。

扦插完成后，为促进叶片进行光合作用，切勿将盆置入阴暗处。只要避免强风吹袭，几个月后新的植株就可长成了。

扦插小技巧

别为了只图稳固，将插穗插得太深，插得太深容易腐烂，即使发根了，长长的一截枝布满了细根，也会造成移植困难，甚至日后选配盆钵时也将受到制约，因为长根若不剪除，就无法使用浅盆，只能植入深盆。

固定插穗的方法

将包装水果的网袋，剪成合适的大小，张开罩住已装好土的盆钵上，再以粗橡皮筋或绳索将其固定于盆外缘，就会出现大小适中的孔。将插穗穿入孔中插入土壤，使插穗像扶着栏杆般立得稳当，要移植时再将网剪掉，既环保又好用。

分株——栽培植物的取芽繁殖

盆栽种久了，有时会发觉原本植入的一两株，如今却已是满满一盆，这是植物自然分生的结果。然而，原本宽敞舒适的家，逐渐成了拥挤的大杂院，下方根系相互纠结，上方枝叶则拥挤不堪，看似热闹缤纷，但若不进行分株，植物将由此走向衰弱。分株在园艺作业上也算是简单、成功率最高的繁殖法。

分株法就是利用植物自己分生出的一部分，来达到繁殖的目的。某些植物生长到一定形状或时间后，就会自体侧长出新芽，有些是自地上部分长出，而后接触土壤发根，有些是自根基部直接萌生，更"霸道"的是利用蔓性的走茎到处延伸拓展，茎节着地处，就会发根长出子株，即使不靠种子，也能繁衍族群。

分株宜用手，而不宜动刀用剪。因为老株、新株相连处就像脐带，也是养分输送的部位，母株经此管道供应养分水分给小苗，直到小苗的根系开始发展，上方长出叶片进行光合作用后，这些输送管道就逐渐停止功能，日后也将自然分离，用手轻轻一掰就会自然分开，几乎不会造成伤害。反之，若懒得清理根系，直接用剪刀剪，就会伤到植株，有时甚至会

大花细辛的分株

1.植物自盆中取出后，剪去外围的根，再剥除旧土，若环境许可不妨用水冲，待能看清这些植株相连的部位时，用手一一掰开，将每一株独立开来。

2.剪去长根与破损的叶片。

3.分别植入小培养盆，如此就由原本拥挤的一盆变成清爽的数盆。

剪下没有根的新苗。即使一些体型较大或质地坚硬的品种，也只需先用刀在相连处轻轻一划，再动手剥离。

分株工作选在梅雨季节进行较为理想，此时春天已过了一段时间，植物贮存了足够养分，而空气中的湿度刚好又能助植物成长。

申跋的块茎繁殖

将右图的块茎植入适当的盆钵，静待抽叶开花。由于新根将从芽基部（块茎上方）长出，若不将块茎完全覆土，就必须注意常喷水，以免新根发育不良。

冬季，自盆中找出申跋的块茎，块茎上已孕育了新芽。

百合类的鳞茎繁殖

1.取出鳞茎后，洗净残土。

2.小心剥取一片片鳞茎上的肥厚鳞叶。

3.将鳞叶尖端朝上，均匀分布在新盆中，切忌不可上下错置。

4.鳞叶发芽后种植一年的情形。

马铃薯的块茎分芽

1. 将马铃薯置于光线充足的阴凉处，任其萌出小芽，芽下方也会长出细根。

3. 植入适当的盆钵，就能有近半年的观赏期。

2. 用利刃将小芽连根切下。

一叶兰的假球茎繁殖

1. 冬末春初，原本休眠的假球茎开始冒出芽了。

3. 埋入盆中，露出芽与假球茎顶端。

2. 剪除假球茎下方的所有根系，并仔细将假球茎洗净。

4. 约3个星期后，就能欣赏到美丽的花朵。

压条——偷时间的速成法

从前，农人会把长长的枝条压入土中，待发根后截断，即获得一株新苗，这就是压条繁殖，不过，现已经少见这种古老做法了。如今技术进步，压条的位置升高了，压条法也改称为"高压法"，是高处压条法的简称。压条在园艺上相当重要，除了有趣、能缩短栽培时间外，成功时的那份满足感，更是令人心动。

进行压条后，依树种不同，大约1～3个月，就可看见新根由软盆底或盆边切开的裂缝钻出，稍待几天，等嫩根颜色变暗且略硬化后，就可切离母株。而修剪工作也该在此时进行，因原本供应水分的管线已遭截断，且新根柔软，尚无足够的支撑力，修剪能减轻植株上方重量，减少对水分的需求。

压条最好选在春末夏初进行，此时嫩芽已较成熟硬化，植物本身也能贮存养分，加上天气渐暖，新陈代谢速度加快，正好适合压条所需条件。比起扦插，压条的成功率高多了，而且粗大的枝、干都可施作。压条最大的优点是，除了可任意撷取自己喜欢的部分进行繁殖，同时还能把"树龄"也移植过来。许多人非常在乎植株的年龄，如果在有20年树龄树的枝条上进行压条，那么，只花短短几个月，不就赚上20年的岁月吗？学会并且熟悉压条技巧后，肯定会让自己的园艺水平与信心都大幅提升。

压条栽培备忘录

1.压条就好比在枝条上加了一个颇有重量的"违章建筑"，不论枝条或母株都会增加负担，也易导致全株的重心不稳，重心上移也可能使母株根系抓不牢盆土，甚或连盆倾倒，务必要紧紧固定，使用砖头石块夹紧，或用绳索绑牢都是常用的方法。

2.上方软盆若吊挂不牢，经常摇动，容易导致新发出的嫩根遭受拉扯而受伤。

3.摆放处一定要有阳光照射，才能进行光合作用，以帮助发根。

4.不可为了减轻上方负担而修剪枝叶，此时多一片叶就能对发根多一分助力。

5.浇水时别忘了上方软盆也要浇。

自然生长的乔木多是单一树干的形态，若选择分叉部位进行压条，就能得到双干或多干树形。（白鸡油压条后两年，盆高2厘米）

压条的过程

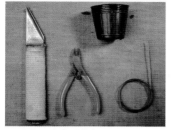

1. 所需工具有黑色软盆、一小段铝线、干净的利刃、剪刀、植土。

4. 切口处理好后，将塑料软盆剪至盆底孔。

7. 软盆完全套上枝条后，剪取两条小铝丝，一端先穿过软盆上缘，作一钩状反折，另一端也钩吊在上方适合的枝条上，左右各一就可使盆牢固。切口的位置大约在盆的中间。盆固定妥当后，填土至九分满，并立即浇水至由盆底孔渗出为止，以免切口脱水。

2. 选定位置后，先以利刃绕着枝条横切一圈，注意保持水平，勿使切口高低不平，于原先的切口下方再作一次相同的切口，两个切口的距离至少要稍大于枝条的直径，例如枝条直径有1厘米，则两切口须相距1厘米以上。

5. 将塑料软盆套在枝条上，要是盆底孔太小，可将孔修剪至与枝条粗细相同。若盆底孔太大，套入枝条后出现较大缝隙时，可在软盆固定后取一小撮水苔填补，以防植土下漏。

8. 大约1～3个月，新根由环切处钻出，当嫩根颜色变暗、略硬化后，就可切离。拆除软盆后，可见新根由切口处的上方长出。

3. 将上下切口中间的树皮完全剥除，不要心存不忍，若未完全刮除干净，养分仍有流通的可能，则会出现上下伤口愈合而不发根的情形。

6. 软盆套入后，将原先剪开处稍微重叠，再以铝丝穿过（如缝衣线的穿法），就可把盆还原。

9. 用较粗的剪刀将新根系下方的枝条剪除。要是枝条太粗，不妨使用锯子，但千万不可过度摇晃拉扯，以免折断新根。

此盆栽在台风时扯断了一
边枝条，造成难看的伤
口，事后灵活善巧地利用
压条法，在伤口部位使其
发根后再截下，原来的伤
口就成了苍老的干基，有
朽木重生之感。（十大功
劳，盆高5厘米）

第二章◎盆与土

野趣盆栽
24

园艺器材与工具

　　只靠一把剪刀栽培植物的人，应该不在少数，不能说这样就培养不出好作品，但培养过程必定会遇到许多问题。常用到的工具有刀、粗枝剪、细枝剪、镊子、盛土器、竹筷。对于业余栽培，这些已经足够了。

　　这些金属材质的工具，若能合理使用并定期保养，甚至都能用上一辈子。每次使用后，将附着的土或植物汁液清除擦干，偶尔在表面涂上些油。碰上粗枝，应换较大型的刀剪，若以小搏大，刀剪很容易变形甚至造成缺口，情况许可下，备足该用的工具更能善其事。

　　刀：可用于削平切口，压条时剥除树皮，分株时也会用到。

　　粗枝剪：处理坚硬的枝条不宜用小型剪刀，粗枝剪就派上用场，粗枝剪又分斜口与圆口两种，斜口剪可干净利落地剪断粗枝，圆口剪能使剪除的伤口呈凹陷状，伤口愈合后几乎看不出剪痕。

　　细枝剪：使用最频繁，有长柄与短柄之分。长柄剪适合用来修剪繁茂的枝叶，短柄剪则用来剪叶修芽。

　　镊子：用来拔除杂草，尤其是生长于细密根缝间的杂草，也方便于挑除小虫、整理根系。

　　盛土器：这是最被人忽略的工具。换土、填土时，一般人通常用手抓土入盆，不但无法将土填入适当的位置，也往往把周遭环境弄得脏乱不堪。此工具得来容易。将塑料饮料瓶剪成斜口状，就十分好用了。

　　竹筷：填土入盆之后，利用竹筷可顺利将土均匀又密实地散布在根系之间。

盛土器

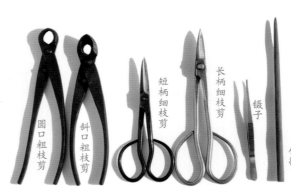

刀（握柄处以棉绳捆扎，能增加握力，操作时较不易失误）

圆口粗枝剪

斜口粗枝剪

短柄细枝剪

长柄细枝剪

镊子

竹筷

慎选植物的家——盆

　　除了传统的陶瓷，如今石材、塑料、玻璃、金属、木材等等也都广泛被利用制作花盆。这些容器各有千秋，价格差异极大，如何选用全凭个人需求与喜好。选择时，仍应以排水、透气、重心稳为基本条件。

　　盆依用途大致可分培养盆与观赏盆两种。虽然只要搭配得宜，任何盆都可观赏，也可用来培养，但把用途与特性先弄清楚，对初入门者是很有帮助的。

将文殊兰过多的叶片剥除，就能使根茎膨大、外形矮化，再搭配浑厚的石盆，能稳住植株的重心，整体呈现简单稳重的风格。

砂锅损坏无法使用后，在锅盖中央钻洞，倒过来就成了一个极具现代感的盆器，用来种植高瘦型草花，相当合适。

鹅卵石制作的盆器，外表粗糙，虽有排水孔，但因底部平坦，排水并不好，适合种植不太需水的多肉植物。

吃海鲜后，留下几个大的鲍鱼壳，洗净后就可直接使用。

将好几个藤壶胶黏起来，就可形成一个组合型容器。由于藤壶壳薄，宜植入生长较慢的植物，才有较长的观赏期。但无论如何，它们的使用寿命有限，一段时间后就会损坏。

砗磲贝作为盆器，必须在底部钻几个排水孔。但若孔钻太大，容易发生崩裂。

选孔隙较多、能站稳的珊瑚礁岩，洗净盐分后，可用来配景、栽植小型草花或多肉植物。

塑料盆

优点：质轻，易于搬动，色彩造型多样，不怕碰撞，价格低廉，容易清洗。

缺点：因以模具制造，底部常会出现凹槽，容易积水。光滑的盆壁也使根系无法稳固附着，植株容易摇晃。盆既为质轻，若再使用轻质的介质，容易被风吹倒。

改善塑料盆

若使用塑料盆，底部铺上较厚重的碎石或粗粒土，除了可略改善积水问题，也能增加重量。培养用的塑料盆有硬质与软质两种，尺寸极多，口径由三厘米至数十厘米都有。硬质盆颜色有多种，可用作一般栽培，如果栽培较娇弱的植物，要避免使用深色盆，阳光强烈时，盆中温度才不致增高太多。若培育露根或附石小树时，软质盆较易剪去上方盆缘，是极好的材料。压条时也用软质盆。

素烧盆

优点：材质稍为粗糙的陶器，又称为瓦盆、泥盆，大多为砖红色，是栽培植物最理想的容器。它的重量适中，排水透气极佳，植物根系在素烧盆中的发展情况远胜于塑料盆。

缺点：易破损也容易弄脏，弄脏后若不将表面清洗干净，就会失去原有的优点，但又偏不易洗净，现在已少有业者使用，因此不易购得。业余栽培爱好者若使用素烧盆培育，对植物还是大有益处的。

素烧小盆最适合多肉植物的生长，出现鲜艳的花色之后，观赏价值也不逊于成品盆。

成品盆或观赏钵

一般人习惯把培养盆以外的盆，通称为成品盆或观赏盆。它们不只是圆形的，也不局限于红、黑、白几种颜色。只要是能够装得下植物的器皿，都能当成成品盆使用，陶瓷之外，石质、木质、金属的也都可用。

对于已经具备换盆能力的栽培者，一般园艺业者用的盆已不敷所用，购买新盆就成了重要工作。如不寻求特殊盆，各地花市出售的就足以满足所需。若想寻得古盆，则不妨前往古董店；若想收集陶艺家手工制作的盆钵，则不妨多往陶艺展中碰运气。有时较具规模的盆栽展，也会有业者同时展售优质的盆钵。

观赏用盆有瓷盆、陶盆、紫砂盆，盆本体在使用上并无太大差别，可依栽培者的喜好选取。一般来说，瓷盆以白底配上淡雅的图案或文字为主流，盆壁薄而精巧，体形以中小型居多；陶盆则显得厚重，使用量最大，通常有各种不同的釉色，也有不上釉的，给人粗犷原始感；紫砂只是某些种类土的通称，还可分乌泥、白泥、朱泥、黄泥等不同土色。紫砂盆通常不上釉，口径数厘米至接近一米的巨型盆都有。紫砂是中国长久以来使用的制陶材料，用来制作中国千年传承的盆景，最是自然道地的，与植物有如天生一对。

纯粹收藏的不说，如果是为了与植物搭配，无论盆的年代、价格、质地如何，选购时仍不可忽略实用性。

既然称之为观赏盆，除了具栽培功能外，必定也要有足够的观赏价值。盆的制作方式决定了外观，其价格有极大的差别。盆有模具制作与手工制作两类，手工制作工艺又可分为拉胚成形、陶板黏合或手捏成形。

模具制作：这是大量生产盆钵的方式之一。受模具所限，盆外形不会有太大的变化，品质虽较稳定，釉色也较均匀，但外表会有一道模具接合处所留下的痕迹，内部的盆脚处因凹陷而易积水，可用蜡或石膏填平凹陷处。此方式生产的盆钵，因批量大，没有什么增值空间。

拉胚成形：此类盆多以圆形为主，有时可见接近方形的，但其底部仍是圆的。注意观察，底部会有一道道圆形细纹，这是修胚时留下的痕迹。

市售的量产小盆。

模具制造的盆钵底部多有凹陷，可用热蜡填平，以免积水。

如此长条形的手制盆钵，烧制时极易变形而失败，因此制作不容易，若有机会，不妨多收藏几个。此盆很好搭配植物，适合小型木本植物的合植或种植丛生的草本植物。（庄松年作品）

盆器选购要领

1.检查盆脚是否能够完全接触平面：可将盆置于平坦台面，以手掌压住盆缘，然后左右晃动一下即知。

2.检查盆是否有细微裂痕：可将盆平托于掌心，以指甲轻弹盆边，若发出结实饱满的金属声就是好盆，若发出细碎的裂竹声，盆体定有裂痕，植物的根系很可能将盆撑破。

3.检查底部排水孔的高低位置：排水孔要是低得接近台面，大气压力所形成的气阻会使水聚积在盆底四周，多余水分无法排出，根系就无法进行呼吸。

自然天成石头质感的手捏小钵，尽管只够栽植一株小草，也足堪玩赏。（庄松年作品）

手捏小钵。（庄松年作品）

较浅的盆适合展现根盘的张力，唯需注意植株的稳固。（林国承作品）

手捏小钵。（庄松年作品）

石块正中钻出圆孔，就是天然材质的盆钵。

精巧雅致的高盆，植入叶片较小的蕨类，自然悬垂于外，绿叶搭配白釉、裂纹，清新脱俗。（林育生作品）

较大的旧盆，通常不太坚固，应避免种植粗壮的木本植物，种植质轻的观叶植物既不伤盆，更能凸显年代感。（广东，民初旧盆）

以此现代感线条的盆钵，植入枝条笔直的小型蕨类，或许比藏密丛生的草花更合适。（洪素桃作品）

口缘反卷又小于盆宽的广口袋形盆，最好避免栽植根系发展快速又容易膨胀的树种，否则若稍迟换盆，就难以将植株取出。（庄松年作品）

这类圆形浅盆最适合将种子直接播于盆中，使之长成一片实生"林"，待两年后，小树已无法容身时再移出。因为盆浅，植物无法真正在其中成长。（王百禄作品）

比盆非常有创意，可栽种同种植物成为一对，也可栽植差异性大的植物形成对比。（林育生作品）

由白、红、黑3种土质混合后，刮除部分外层，展现出各种深浅层次不同的立体感，如此精彩的外形，或许植上青苔就够了。（日本常滑泥珠窑.绞胚）

精致的盆钵，一般使用于造型简单的植物，以免上下过于抢眼乱了美感。（日本常滑英烧窑.乌泥）

（洪素桃作品）

小巧的手捏小钵，须留意其厚度与重量，太薄容易碰损，太轻则怕风，不宜摆放于室外。（庄松年作品）

手捏油滴釉小钵。（庄松年作品）

浅黄盆钵、黑色礁石、绿色枝干、鲜黄花朵，色彩分明的配置很能凸显每一部分的优点。

第二章◎盆与土

29

陶板黏合： 其制作上比起拉胚成形又麻烦一些，例如一个方盆，就需四个边与一个底共五片组合，在制作或烧窑时，也较易产生崩裂或变形。

手捏盆钵： 这是创作者巧手的作品，外形不工整，也没有固定的模式，有时甚至还有作者不经意留下的指纹或掌印。

选购盆钵时，最好能有明显的出处特征，值得收藏的盆钵通常会在盆底印有作者的戳记，有时则会直接刻上姓名，除了作为品质保障，也是日后增值的依据。

精致高价的盆钵常作为案头摆设品或收藏品，拿来使用的反倒不多。其实，盆钵使用后，会因土、水、根系、苔等的滋润，消除或减少新盆的"火气"，让盆钵看起来更温润、内敛。种过植物的盆钵，说也奇怪，即使将来洗净后再收藏，仍能永保其微妙的变化，或许这也是许多收藏者被古盆吸引的原因。

不过，收藏盆钵更积极的用意，是家中如有较多的盆钵，搭配植物时，肯定会有更多的选择，能让盆栽配置得更好、更美。

旧盆才需要泡水

许多人认为新盆使用前一定要先泡过水，其实旧盆才需要泡水。替换下来的旧盆，泡水后比较容易清洗，洗净后晒干消毒，下回才能放心使用。清洗花盆时，务必将盆内外死角的积土、腐根完全清除，盆面若雕有花纹，可用牙刷清洗，要注意别使用铁丝球清洗，否则易造成釉面损坏。盆钵不嫌多，备有各种造型、颜色、大小的盆钵，搭配植物才能得心应手。

满足根的喜好——土壤

　　随着园艺技术的进步，有许多园艺新材料被开发出来。如今盆栽植土已不一定都是用"土"。栽培所用的各种材料，一般都通称为栽培介质。了解各种栽培介质的特性之后，也就能清楚所种的植物适合哪一种介质。不过，栽培介质并非都是单独使用，也可依自己的需求混合调配，例如把河砂混于腐殖土中可增加盆栽下方重量，或把粗粒土铺于盆底以利排水，也可自行混合出砂质壤土、黏质壤土，以因应各种植株的生长需求。执剪弄泥其实相当有趣，几次之后就能熟悉上手。

　　壤土：一般郊野荒地多有壤土，它是以往使用最为普遍的栽培介质。壤土多是浅黄色，保水力不错，干燥时略呈小块状，遇水则软化，但不会呈糊状又黏又重。一般大型木本植物较适合使用这种土壤。若是自行采集回家使用，最好先在阳光下晒干消毒，也顺便把其中的树叶、杂草、小石块等杂物一一挑除。

　　河砂：河砂是指水流冲刷后滞留于溪边的细小石粒。干净的溪边水流转折处常有这些河砂堆积，通常是扁平的椭圆形，大小0.1～0.5厘米的最适用，一般

壤土

河砂

使用河砂种植多肉植物，既有利排水又能增加重量稳固植株，是很不错的选择。

容易拾取的也多是这种尺寸的。它们通常都很干净，拾取后晒干就能使用。需良好排水的多肉植物，根部大多不甚强壮，使用河砂不但可以适当控制水分，也因重量足够，能让多肉植物立得更稳。不过，一般建筑使用的砂可不能用来替代河砂。建筑用的砂太细，排水透气都不好，对植物生长不利，千万别弄混了。

腐殖土

腐殖土使用须知

　　腐殖土的构成物质较为疏松，使用前最好先以水分润湿，使其紧密，有助于根的固着。干燥时不但植株易摇动，浇水后会下陷，甚至水分的分布也不易均匀，这点须特别注意。

　　腐殖土：受风向、地形的影响，植物落叶会在合适的地方堆积起来，日积月累，水分、昆虫、细菌都会加入分解、腐化、发酵，进而形成了腐殖土。腐殖土的使用，在传统农业中非常重要，几乎也就是肥沃土壤的代名词。现今市面上所销售的培养土就是腐殖土，只不过由于自然分解的时间往往长达数年，而生产者无法长期等待，于是把植物叶片、细枝、树皮等切碎，再以密封设备加速其分解，最后可能再加入各种配料，如蛇木屑、细水苔、珍珠石、发泡炼石、浮石等介质，调配成适合各类植物生长的介质。养分足够、质轻易搬动、价格低廉、保水力强是其优点，不过因重量轻，不适用于中大型盆栽。

　　颗粒土：保水力强又排水迅速，这两种功能要能在同一种介质中表现，

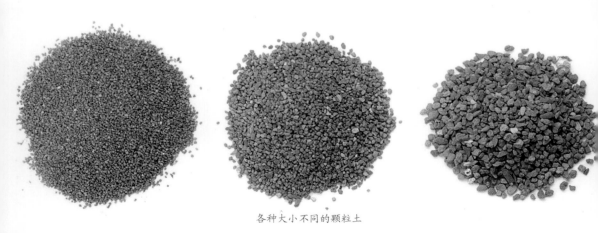

各种大小不同的颗粒土

听来似乎很矛盾，但颗粒土偏偏就有这样的特性。颗粒土来自质地较硬的壤土，经水洗去除泥粉，再以高温烘烤杀菌，最后用不同的网目筛过。

颗粒土的外形不规则，粒土之间有间隙可容水通过，也可供根系自由生长。因为质地坚硬，吸饱水后不易蒸发，因而能把该留的水分留住，也能把多余的水分排出，且质重、外形不规则，在盆中固着根系的作用极佳，几乎成了木本盆栽必用的栽培介质。

但它也有缺点，经过水洗与烘干后，几乎不含养分，如果植物本身不够强健或光合作用不足，就得补充肥料。此外，价格也高出培养土不少，有时还有品质不良的产品。购买时须凭经验掂掂分量是否足够，太轻就不是优良产品，也可取一小撮略沾水后以手指搓揉几下，不良的立即分解溶成泥状。品质优良的颗粒土，种植几年后还能保持粒状，换盆换土后，旧土经晒干仍能继续使用。

黏土：黏土使用机会

颗粒土是最适合木本植物盆栽的土壤。（森氏红淡比）

黏土虽然很少使用，但要让水生植物挺立于盆中，往往非用它不可。不过，为求美观与保持水面洁净，土面上最好再敷上一层"化妆"土。（野慈姑）

较少，但某些植物却非它不可。例如水生植物，大多要黏土才能生长良好，也才能挺立水中。此外，黏土还被用作附石栽培的辅助材质，有时甚至可用来构筑特殊造型，如作为浅盆、水盘、平石的护边等等。

田边、沟渠边很容易取得黏土，但会含有大量微生物，水生昆虫也易混杂其中，虽然养分充足，伴随而来的病虫害也不少。盆中天地到底不如自然环境，取回黏土后，最好也能放在阳光下杀菌除虫，不过由于它惊人的保水力，使得晒干较花时间，耐不住性子或急于使用者，可将其入旧锅放在火上烤干，把虫（最麻烦的是丝蚯蚓）、虫卵、杂草种子、细菌一并灭绝。若不便自行处理，可上花市购买黏土，只是价较贵。

水苔：水苔多用于局部保湿，很少直接当成栽培介质。种植喜湿性的植物时，可将水苔切碎，混于介质中；也可整团或整片覆于修剪过的植物的较大伤口处，或覆于新栽植物暴露在土表的根系。传统的压条繁殖也利用水苔作为发根的介质。平日备一些水苔，用时会方便不少。但因其膨松占地方，使用时也容易有碎屑掉落，购买小包装的就可以了。

水苔

蛇木屑：蛇木屑能吸收水分，聚在一起时，又有相当大的空隙，所以略有保湿能力，常用来增加透气性与排水性。由于质轻，混杂于其他栽培介质中，培育较耐旱的植物相当理想，若单独使用，一般只见于兰花类的栽培。依每节的长短，蛇木屑也有大中小不同规格。蛇木屑不易腐烂，长期处于潮湿状态也不会分解，若植土中混杂较多的蛇木

蛇木屑

屑，就要注意养分的补充，因为它只是单纯的栽培介质，不能提供养分。

土表的美容师——化妆土

　　有时，适合植物生长的介质不一定赏心悦目，尤其想要将植物移入室内作为茶几、案头摆饰时，总会有一丝不完美的缺憾。为了要遮掩这种缺陷，各种装扮盆土表面的材质逐渐被开发。这类材质通常不是土，但因使用于土表，而被通称为化妆土。

　　化妆土除了能增加美感，也能保护表土。它们有天然的、人造的，也有各种形状、颜色、轻重，如何搭配使用，可依个人的经验与需要而定。只要有心寻求，都很容易取得。

　　岩屑：山壁斜坡下常有许多岩石自然风化崩裂的碎屑，成分大致为页岩、黏板岩、泥岩，多呈灰黑色，形状则有扁平、柱状、块状，特点是重量足够，湿润以后呈现闪亮的深色，适合用来铺设较大植株的盆面。由于它们的外形不规则，也使得植株不易因土壤较松而摇动。只要拾取尺寸合适的，略作清洗就可使用。除此，岩屑还可当成盆土干湿程度的指标物，浇过水后，它的颜色变深，而盆土渐干时，颜色也会转为淡灰色。

　　河砂：因水流冲刷，河砂大多都呈扁圆形，颜色因地而异，由黑至黄褐色都有。带个小脸盆与厨房洗菜用的筛子（网孔大小不同所得到的河砂的粒

又宽又浅的盆钵最能表现天地开阔的气氛，但少少薄薄的盆土却容易被水冲失，选用质重的化妆土就能保护表土，并能装饰盆面。此盆利用了页岩、贝壳砂、石英砂、碎石，"化妆"出岩块、沙滩、水池的小景。

径也就不同），就可到溪边淘砂。先把砂中的泥与细粉去除，再把较大不合适的砂挑出，回家后晒干就可使用，通常用于中小型盆栽上，也可置于盆底以利于排水。

细石：在建材行里，可找到许多不同颜色的碎石，选用粒径0.5厘米以下的为宜。除非是种植需水量少的多肉植物，或摆放处不会被雨淋到，否则要避免选用白色或颜色极浅的细石，因为植土粉末碎屑或落叶未及时清理，一段时日之后，都会使盆栽表层变脏，反而更难看。使用前应注意，这些细石是用机械将较大石块打碎的产品，常带有不少石粉，宜先用水浸泡清洗，洗后不但较美观，也避免这些石粉下渗植土中影响排水。

贝壳砂：其外形不规则、多孔性、质轻，有时尚可发现完整的小贝壳。它较适合用于不需太多水的小型盆栽，因为干燥时遇水，会有部分浮起，使得盆土与之混杂而显脏乱。不过，使用喷雾方式浇水便可解决。用它搭配海

1～4.各种粗细的河砂　5.贝壳砂　6～8.石英砂　9.黏板岩　10～12.各种大小的页岩

滨植物，或直接混入植土栽培沙滩植物，是最佳选择。

石英砂：其颜色鲜艳，棱角分明，重量足以保护表土，保水力强，最适合用来营造盆栽的现代感，唯一的缺点是价格高了些。

发泡炼石：它原本是为了水耕栽培研发出的材料。价格低、干净、质轻是它的优点，若铺在盆栽表面，有稳重高雅的感觉，但因质轻，只适合用在土表与盆面有较大面积的大型盆栽上，每次浇水时也

发泡炼石

用重量足够的页岩碎块覆盖表土，既能保护植物根系也增加美感。

表土覆以河砂后，看来就更接近凤尾蕨的原生环境。

红木树皮

要小心，以免被冲出盆面。

树皮：树皮多半以针叶树的为主，它是最自然的材料，多为扁平状的红褐色，如果用来覆盖浅盆表面，不但保护面积大，也可巧妙铺陈出各种变化。可将它们紧密靠拢成一大片，也可将每片略为分开，中间再补填其他颜色的化妆土，就可呈现出明显的纹路，甚至有林间小径的意象。此外，遇水潮湿后，它们还能释放出原本残存的少量养分。这些树皮从使用至腐朽的时间极长，换盆后还可再用。若实在不好看了，将它们置入盆内，充当底层土也极为理想。

能作为盆面化妆土的材质当然不只以上这些，铺上青苔也是另一种化妆艺术。事实上，化妆土的保护作用大于观赏，盆土被水冲失，植物就不可能生长良好，而且若这些化妆土弄脏了不易清洗，还可混入植土中使用。如果家中培养青苔不易，不妨多使用化妆土。

第三章◎简易的栽培入门

别怕换盆动手术

对喜爱莳花弄草的人而言，换盆是件大事，可惜以"悲剧"收场的也不少，因而许多人视换盆为畏途。其实，会失败通常只因换盆时机错误。

盆的空间有限，给几分空间，植物就能成长几分。当盆的容量不足时，植物先是停止生长，接着因无法供应根部足够的水分与养分，而开始消耗本身所贮藏的养分，直至透支，就开始干枯凋萎，若此时才急着换盆，怕已回天乏术。然而多数人偏偏在此时才想起换盆，此时植物极为衰弱，体内所存养分也已消耗殆尽，根部又因过度拥挤而腐坏，此时一动反而会加速死亡，使换盆失败。

换盆的时机

每种植物的生长速度与温度、土质、环境、给水方式、日照、盆大小都有紧密的关系，也就是说，并无规定要几年换一次盆。生长速度快慢大致的顺序是草本、球根、灌木、常绿乔木、落叶乔木、针叶树，不过这也只是参考。总之，植物生长开始出现停滞、排水较以前缓慢、细根有些冒出土面、底部排水孔有被根系堵塞等情形，就该换盆了。以季节来说，春秋两季外加梅雨期都是换盆的好时机，不过，落叶树要避免在深秋动手，以免还未复原就进入休眠期，伤口不易愈合。

从盆中取出植物的要诀

正常状态下生长的植物根系，会紧紧顶住盆壁，不易取出，可在换盆前一两天减少浇水量，让它略呈干燥，枝叶会稍稍失去弹性而有下垂的模样最好。因为如此一来，根系会略有收缩而不再紧顶盆壁，轻敲盆边上缘就很容易取出。取出后，先将结成硬块的根系拆松，并剥除外围的旧土，以竹筷尖端插入根缝中向外轻扯，顺序是由下往上，分几次操作，原本绕圈的根系，就能变为直线下垂。有些盆径不到10厘米的植株，根系拆解后竟可长达50厘米。拆解根系时，也可发现盆土多已粉化，这是长时间被根系挤压分解的结果，养分大多已被吸收利用，变细且贫瘠的土不利植物生长，也无法排水、透气。

透视根在盆内的生长状况

植物植入新盆时，主要根系大多会被安排在盆钵的中心位置，之后根系渐渐往下、往旁生长，一旦触及盆壁及盆底，就开始绕着盆壁打转，外缘拥挤了再向内发展。此时，原本松软的盆土会渐渐变得密实，出现浇水后水分排出较以前慢的现象。待中心部位也被根系填满之后，无处可去的根开始违反常理往上寻找出路，进而由盆土表层窜起，此时盆内必已拥挤不堪，浇水后，水分不易渗达盆底，或无法排出，此时植物易脱水干枯或过湿烂根。

换盆作业（以油点草为例）

1.种植两年后，盆中已有拥挤现象。先将枯叶、干枝条仔细剪除，准备换盆。

4.铺上盆底网后，先放一层粗粒土或发泡炼石，有助排水与通气。

2.脱盆后，发现土团外缘布满根系，新长的根已被迫往上发展。

5.粗粒土上再放一层培养土。

6.摆上植物之后再将培养土填妥，在土表层洒布一层碎石，不但使外表看来干净些，也可保护植土。

3.将下层、外围纠结不清的根块剪除。

7.换盆完成。将废弃的砂锅盖凿洞后拿来当盆器，盆浅、面宽，有不一样的效果。

换盆的步骤

1.选取的盆钵，不见得要比原来的更大，原则上，只要修剪后的根系不致触及盆壁即可。先在排水孔上铺设一块比孔略大的纱网，只要能使盆土不外漏即可。若放入一片很大，甚至布满盆底的纱网（这是很常见的错误方式），待下回换盆，拆解根系时，就会因根系与纱网纠结不清而头大。

2.布好纱网后先铺一层较粗粒的栽培介质。这一步骤相当重要，一般栽培植物时因积水而烂根的比例极高，即使使用市售的轻质培养土，至少也要在底层铺上粗粒土或小石子，这样可以破坏培养土极强的毛细作用，而不致过湿，也可增加盆底部的重量而使盆更稳。

3.把较细植土填至盆的1/3（浅盆约1/2）深度时，就可放入植株，要使修剪平整的根系底部与土壤密贴，再填入更细的植土。

4.清理过的根系会存在不少空隙，所以务必要填满这些空隙，否则植株易松动也易脱水。大小适宜的不锈钢筷是很好的工具，由于它的表面光滑，将植土戳入空隙时不易擦伤根皮，而且筷子两端粗细不同，更适合伸入各种空隙。

5.植土覆至根系的上缘即可，不要将枝干掩盖，木本植物甚至还可将根盘露出一些。

6.土填妥后，置于水中让水分均匀地由底下上升湿润全盆，但盆缘要高于水面，以免轻质植土浮起散失。

7.将盆取出后，修剪一下过长过多的枝叶，换盆工作就完成了。

旧盆的维护与管理

用过的空盆最好能立即清洗，并在阳光下晒干收妥，以备下次再用。千万不要把枯萎的植株连同盆土丢置于角落，待要再使用时才清理，这会使盆内壁累积大量细菌，盆外壁则附着不易清除的土垢，况且随意堆置也容易碰损。旧盆虽非主角，但随着栽培的植物增多，技巧长进，将来总会有再用的时候。

必要的断根手术

如果根团已纠结到无法拆解的地步，则须将外围最硬的一圈剪除，千万别用强力手段敲松土团。整个根团只保留二分之一至三分之一的中心部分，其余的根剪除，并将夹杂在根团中的坏根剪去（好根与坏根的颜色与饱满度有极大的差异，很容易分辨）。根的吸收是由最前方的根冠进行的，长的根与短的根都只具有一个根冠，将长根剪除缩短，不会减少根的数量，伤口复原后，不但恢复功能，输送的管线还会比以前更短更迅速。

换盆的原意并不只是更换大的盆而已，最主要的目的是修剪老根与更新植土。如果植株与原先的旧盆搭配合适，仍可将旧盆内外清洗干净后再植回。有不少人不解换盆的意义，将植株取出后，原封不动地置入较大的新盆，再补填新土，或是略为剥除旧土后，根系原封不动又植回盆中，原因都是害怕动了根就长不好，甚至会使植物丧命。其实，如此换盆无异于白做工，要知道枝叶修剪后会分枝生长得更好，根系也一样。较短较细密的根系吸收能力好，稳固性强，搭配盆的选择性也多，过长过直的根永远只能植于深盆。

配盆的美学

盆钵外形大致上以圆、正方、长方、椭圆为主，但高矮宽窄差异就大了，如何与植物搭配虽无一定的标准，却仍有规可循，基本上，要先考虑植物是否能够生长良好，再考虑美感，两者都很重要。

浅盆： 浅盆多用来展现整体开阔的气势。例如在盆钵中造景，植成森林或展现老树傲人的根盘，当然也能显示栽培者的功力。选购浅盆时，最好选择盆底除了主排水孔外，还有数个小孔，这些小孔不仅有助于排水，更重要的是可用来穿过金属线，固定不易站稳的植株。浅盆的植土只有薄薄一层，最好使用保水性强的土质，土表最好也能有青苔或质重的碎石、岩片保护，免得一阵大雨，就使根系曝露。

圆盆： 栽培者一般习惯把植物置于盆钵的中心位置，上方枝桠当然可以斜向伸展，但根基部一离开中心位置，就容易产生不协调感。圆本身就是柔顺的线条，搭配拥有线形枝桠的植株，较能凸显各自的优点。

正方盆： 正方盆的中心位置与圆盆是相同的，但因线条笔直，在搭配时以枝桠线条富有变化的植株为宜。

浅色圆盆与深色岩石、横伸枝桠相互衬托，彰显了各自的美感。（九芎，石高4厘米）

侧枝延伸的迎宾树形，使用浅型盆钵可使重心更稳，不易倾倒。（槭树，盆高3厘米，左右55厘米）

使用椭圆形或长方形盆钵，可将植株位置偏离中心摆放，会因左右不对称而使盆面看起来更宽。

椭圆盆（柳杉，盆高3厘米）

长方盆（栾树，盆高2厘米）

植株植于宽阔的浅盆，不但不会因盆大而使植株显得娇小，反因大片平坦的盆面，打开无尽的想象空间，而植株似乎更能融入盆中天地，显现超俗挺拔的态势。（红紫檀，盆高1厘米）

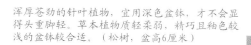

浑厚苍劲的针叶植物，宜用深色盆钵，才不会显得头重脚轻。草本植物质轻柔弱，精巧且釉色较浅的盆钵较合适。（松树，盆高6厘米）

广口的笠形盆适合丛生状生长的植株。
（棉枣儿，盆高2厘米）

盆表面若因雕刻而有凹凸，会积存泥尘，加上浇水，容易变脏又不好清洗，不妨用来栽植耐旱植物，少浇水易维持外表洁净，多肉植物就是理想的搭配。（石莲，盆高3厘米）

外形有雕花或刻字等的盆钵，因本身就极为抢眼，宜搭配线条简单的植株，才不会益显复繁。（青枫，盆高6厘米）

吸水性佳的石块，无需盆钵
就能单独用来种植，给人一
种浑然天成的感觉。（小叶
冷水麻，石高3厘米）

具有长长枝干或花梗的植物，就要搭
配一个重心合适的盆钵。（百合，盆
高4厘米）

叶色鲜艳或秋冬会变红的植物，可选择浅色或
接近蓝色的盆钵，最能与叶色相互争辉。
（槭树，盆高1厘米）

（盆高2厘米）

蕨类植物的叶片与叶柄线条都极为优雅细致，植于小钵中，往往因环境变小了，只能长出几枚，若配上造型简单、釉色清爽的盆，就愈见利落出色。（盆高3厘米）

看似软木塞的小钵，其实是装香料的小陶罐，在底部钻个洞之后，就是造型特殊的盆器了。（猪笼草，盆高3厘米）

平日也可在大型的浅钵内盛装细砂，再将微型盆栽摆置其中，不但能利用这些小作品安排出景致，创造在大景中也有小景的小天地。利用大浅盆中湿润的细砂或碎石，来维持小盆的水分供给。

配盆钵有时还可考虑盆钵的图案。步步高升的竹节，与悬垂下降的植株，正好相互对比。（地锦，盆高8厘米）

有时反其道而行的配置方式，也会有不错的效果。高瘦的树植入广口盆，不安定的感觉却增加了想象空间。（栾树，盆高5厘米）

长方盆与椭圆盆：此两种盆的关系一如方盆与圆盆，但植物在其中可选择的立足点就多了。植物位于中心时，术语上称为五五位，稍偏左或偏右则是六四位，更偏则有三七位、二八位的配置法，每种位置皆能表现不同的风韵。长形盆钵除了可合植造景外，与斜干树型搭配更是理想；若把根基部靠近盆外侧，上方枝梢斜向另一侧，枝桠下方就会形成一个令人遐想的空间。

高盆：凡盆缘宽度为高度的二分之一以下的称为高（身）盆，一样有圆、方等外形，无论什么形状，总是作为悬崖或半悬崖式盆栽的最佳盆钵，故其又称为"悬崖盆钵"。由于盆身高，土粒间的毛细作用也强，常会造成排水不易，使用时正好与浅盆钵相反，要尽量使用较粗粒的土质。高盆钵的稳定性差，再加上植物多向外倾斜，不稳定的程度因而增加，使用时要注意安全。

广口盆：盆缘往外张开，颇像斗笠的形状，也被称为"笠形盆"，由于盆壁极为倾斜，栽培介质也不足以支持根系，多用来种植丛生状的小型植株。但若有足够的技巧，可用来栽植高瘦的文人树（指比干型的树型更高、更纤细，枝数稀少的树型），会有意想不到的效果。

盆缘比盆身窄的盆钵：口缘小，却有大大的肚子，看起来有趣又稳重，轻易就能使植株稳固，但勿植入根系发达或根系易硬化的品种，否则日后换盆，会遇到麻烦。

施肥或不施肥

怎么施肥？施什么肥？什么时候施肥？这些向来为大多数人所困惑。从栽培者的心态与做法来分析这些问题会比较清楚，也就是说，栽培植物是为了使植株长大，还是维持美观？

养老比增肥更重要

少数热衷园艺的人会由小苗育起，经数次移植才定植于观赏盆中。一般人总想一劳永逸，从一开始就将植物种入大盆。大盆一来容易保持水分，二来可维持许久不用换盆，然而在树与盆不成比例的情况下，自然会觉得植株瘦小，于是施肥的动机就产生了。

盆栽植物之所以可观赏，往往在于植物虽小却能呈现老态，就是小小体形也能有结实的干与致密的枝叶。而施肥后，植物当然成长迅速，只是一旦"暴肥"，就难以维持小巧精致的模样，而且根系也很快就占满盆钵空间，缩短了原本换盆的时间。所以，除了专业的园艺业者，一般人应以植物种得好，而不是种得大为原则。

一般使用的植土，多少都含有某种程度的养分，尤其市售的植土，更多标示了各种养分元素的比例，除了根部能吸收这些养分之外，叶片进行光合作用产生的养分也已足够，如此正常生长的植株，体形较紧密，枝干也结实，在较小盆钵中培育，反倒容易呈现老态。

当植物生长至一定体形或年限，对根系枝条进行修剪，换上新土及稍大的盆，就会再继续生长，根本不需施以任何肥料。

肥料的选择

不过，许多人还是习惯依赖肥料，在小苗阶段施予氮肥，确实可以长得快些。一般家庭使用的市售无机肥料比传统的有机肥好，尤其是效果稍慢且能持续的长效性肥料，因

吃剩的鱼骨头，是免费又有效的磷肥，对观赏花、观果植物非常适合。清洗后，折成约3厘米的小段并剪下两旁的细刺，将细刺一一插入盆边土壤内，大块骨头置于盆底，便能长期发挥效果。

为无机肥没有异味，不会招来害虫，也不会影响植土的吸、排水性。可在换盆后，当植株根系稳定，已有新芽长出时施肥，用量可依包装袋上的说明确定，绝对不要超量。

燃烧过的炭屑是烧烤的副产品，可作为植物的钾肥，能提高光合作用的效率。

至于观花、观果植物，若有磷肥的帮忙会更好，通常可在花期到来或花苞出现前施用，若需要果实来繁殖或观赏，花后再补充一些即可。也可将鱼骨头洗去油渍，在阳光下晒干后收藏，剪下的细刺可戳入盆边，直至完全没入土中。换盆时，则可取几块大的鱼骨置于盆底，任其缓慢分解，其中的磷就会被植株吸收。

钾肥，虽然对植物没有直接且明显的影响，但能提高光合作用的效率，使枝干饱满充实、全株挺拔。平时若能收集一些1～2厘米大小燃烧过的炭屑（喜欢烧烤的人最容易收集到），种植时于盆底铺一层炭屑当排水层，或将更细的炭屑（不要粉末，以免影响排水、透气）混于植土中，也能有所帮助。注意，燃烧过的炭屑才能顺利将钾释出溶于土中，新炭的效果就差多了。

另外，除了市售的各种液体肥料，也可以自制液肥：将烧过的草木灰，以十倍的水充分搅拌后，静置数小时，取上层的澄清液，就是天然的钾液肥。将它保存于阴凉处，每隔两三周可以施洒一次。

戒除植物的肥瘾

购回的植物经过一段时间后，常会显出生长变差的状况，这固然可能是家中环境、养护方式出了问题，但部分原因却可能出在肥料上。园艺业者为了达到迅速出售盆栽的目的，栽培期间往往会定期施以速效肥料，这对植物而言无异染上肥瘾，肥料一施就精神百倍，肥效一过就无精打采。大自然中的植物，养分吸收原本就是缓慢渐进的，家中栽培不以营利为目的，投入一两年的时间，培养出健康漂亮的盆栽，远比速成虚胖更重要。不过，新购入的植物，若真有生长停滞的情形，不妨先补充少量的氮肥，让它恢复生机，日后逐渐把补充养分的间隔拉长，帮它戒除肥瘾后，就能正常生长了。

盆栽的日常养护

枝条的修剪

当枝条过度伸长散乱，就必须修剪，以维持外形和生机，这同时也是慢慢塑形的过程。

正确的浇水方式

许多人浇水的方式不正确，把水往盆中央注入是最常见的错误。水往盆中央注入，很快就会从盆底孔渗出，让人误以为水分已经足够，以此方式浇水，一段时间之后，中央部分的栽培介质就会被冲凹陷，水往下渗的速度也就会越来越快。想想植物根系生长的方式：根系往外发展，由中央根基部伸展出的是较粗大的侧根，由侧根再发展出须根，栽培一段时间之后，细密的须根就会绕着盆打转；粗大的根主要的作用是支撑植物体，真正能吸收水分、养分的是外围的细根。水若从盆中央快速流失了，盆周围的细根只能享受一些透过来的湿气，植物怎能长得好呢？沿着盆缘给水，让水真正浸润细根，对植物而言，这样才有可能真正喝足水。

修剪之后虽看起来光秃秃的，但枝干上潜伏的芽很快就会冒出。

修剪

生活在自然界中的植物，有虫鸟吃嫩芽、动物啃枝叶、强风吹断树枝……这些都是大自然对植物的修剪。这些自然的修剪往往形成某些特别与美丽的树形姿态，盆栽之美在于巧夺天工，修剪也就成了必要功夫。但许多人不会剪、不敢剪、舍不得剪，其实修剪是很容易又有趣的作业。

一两个月后，新芽齐发，比先前的样子矮了一些，却也紧密多了。反复这样修剪几次，就能培育出紧实而细密的枝叶。

向上生长是大部分植物的天性，但将枝条剪短了，往前往上生长受阻，枝桠势必由侧边寻求出路，同时也会因前端受伤的影响，刺激植物多分生出新枝，于是，经修剪可将高瘦的外形改变为低矮茂密。植物的习性，是修剪前必须了解的。

下剪的位置：先检视枝条下方是否有芽点，有芽点就可以放心剪短。剪的位置也能决定新枝发出的方向，剪短的枝最顶端的叶片或芽点若靠右，新长出的枝就会向右伸展，反之亦然。如此就可借修剪顺便调整全株日后的生长形态。另外，多年生丛生型的草本植物，当地上部分长得凌乱或枯黄时，也可以自茎基部贴着土表，将地上部分剪除，让它重新长芽；若有明显主茎，就在茎上一两节上方落剪，便可改善瘦弱修长的外形。

预留生长高度：植物是活的，修剪时不能以刚剪好的外形为标准，否则，没多久外形又乱了。最好以预设高度的七八成作为修剪目标，剪后待新枝长出，正好补上原先空下的位置。

修剪时机：盛夏与严冬都要避免修剪，因高温时植物新陈代谢快，往往在伤口未愈合前，就因伤口流失大量水分、养分而造成枯枝；低温则新陈代谢慢，伤口愈合不易，遭受感染的几率就大。避开盛夏严冬，修剪的工作随时可以进行。

自然除虫法

植物碰上虫害在所难免，大一点的虫容易发现并抓除，体形细小或藏匿土中的就不易处理了。虽然大多数的杀虫剂都能解决问题，但在家中使用带有毒性的杀虫剂总是令人不安，对环境也不利，此时若能善用"水"来帮忙是最好的。

准备深度足够的水桶，置放在阳光无法直射之处，避免水温升高。然后将盆栽慢慢浸入水中，当盆栽完全浸入水中，藏匿于枝叶、植土间的害虫为了呼吸，就会被迫浮出水面，否则就要溺毙水中。植物浸泡水中一整天不会有多大影响，但虫儿就很难一整天不呼吸。

随便在一个角落，放几盆植物，室内的气氛立刻就不同了，特别是有光线射入的窗台，更是摆放盆栽的理想位置。

户外摆置与室内观赏

都市的住所，不容易有太多的空间，人们也不易有太多时间照顾植物，所以栽培植物应质胜于量。评估自己拥有多少空间来摆置，能挪出多少时间来照料，就种植多少植物，若超出范围，只会使得环境变拥挤，植物也会因照料不周而生长不良。

可在自家有限的空间里，利用空心砖、木板、砖块、硬度足够的厚玻璃，为植物搭盖简单的立体空间。植物都需要阳光，只是需求量各有不同，日照需求大的置于上层，需求小的摆于下层。也可利用废弃的水族箱，来培育多肉植物，将水族箱横置，使原先上方的开口变为侧面，下雨时就不会有过湿的困扰。

阳台因位置高，要注意盆钵是否立稳，如能在栏杆或突出的铁架底部铺一层木板，看起来较美观自然，盆栽也不易滑动。

阳台上的植物多是单面受光，时时替它们转个方向才能均匀生长。盆栽还需避开空调出风口的位置，以及楼上经常滴水的位置，因高处下来的水滴冲击力不

利用横置的水族箱遮雨，就能栽植仙人掌或多肉植物。

栽培中的草花，可以集中管理，不仅方便照顾，也能节省空间。

利用展示珍玩的"多宝阁"来放置小品盆栽，除了用意古典，更透着高雅精致的气息。

小，可能冲失盆土使根系露出，也会污染家中的环境。

　　培养中的盆栽当然以放在户外为宜，但人们总喜欢把培育成形的盆栽移入室内观赏，此时要注意避开散发热量的地方，如电视、冰箱、音响、灯泡等等。只要能增加气氛之处都可摆设盆栽，但时间不要超过一星期，若是针叶类如松、杉、柏，更以三四天为限。移出户外后，至少要放在户外一两星期后，才能再移入室内。

　　许多人每晚将植物搬出，翌晨再移入，为的是让植物沾露水，使它们更健康。态度确实可佩，但实际效果并非很好，因为植物所需非月光而是日光，而露水也是水，喷雾就能制造。植物若要正常生长，需要有昼夜温差，室外的温度较低，通风也优于室内，夜晚能使植物得以短暂的休眠。但与其天天搬动，不如每隔几天就把室内植物全数移出，再换入一队生力军，这样效果不但较佳，而且每隔几天也可让家中景致有所改变。

第四章◎盆栽的必修课

微型的绿草原——青苔

盆栽之美在于道法自然。微型山水情境中，青苔就像森林底、老树下的茵茵绿草，是营造盆景不可或缺的要角，花木爱好者莫不希望能把青苔养好。

其实，青苔的功能不只在于观赏，它对盆土表层的保护也极有帮助。浇水时，常会不经意地将土表冲出一个凹坑，尤其大多数人都是往盆中心浇水，使干基部位土面凹陷，甚至根系外露，有了青苔的保护，这种状况就不会发生。夏季艳阳高照，盆土表面容易晒得又干又热，此时青苔能减缓水分蒸发，缓解盆面高热。

青苔的来源大致有三：野外采集、移自他盆或用孢子培养。

野外采集快速又便利

这是最常采用的方式，见效迅速但失败率却也最高，主要原因就是贪快贪美。野外的岩壁、水边、坡面上，青苔随处可见，需要时总会寻找一片看来最绿最嫩的下手，将它刮下来后带回家直接覆在盆土上。一时之间盆栽就

像是女大十八变，立即展现迷人风采。但几个星期，甚至几天后，这件新衣便开始破旧，出现焦黄干缩翻卷现象，只得将它去除，也许下回再重演一遍。

青苔在原生地并非都生长良好，长得最好的那片，必定占据了最优的环境，无论日

照、湿度、土质一定都搭配得较完美。然而，家中的盆钵是否也能接近这些条件？所谓"由奢入俭难"，用在植物上也很贴切。如果采集因日照不足、日照过多、过于干燥、过于潮湿等各种不利条件下生长的青苔，开始虽然其貌不扬，但青苔的复原能力极强，或许在短时间内，就会适应这改善后的生长条件，鲜活了起来。

自他盆移植成功率高

对家中现有的自然生长的青苔进行移植，可靠度最高，缺点是经常不够用。可使用小茶匙（如果舍得用铁锤将凹陷的匙面敲平会更好用）将青苔小心铲起，要略带一些土，直接移置新盆上，苔的底部需与土壤完全密合，苔块边缘以细土覆住保护，不需全盆覆满青苔，只须覆于视觉焦点、需保护盆土之处（如盆缘，浅盆尤为重要）或植株主干四周，之后，青苔即能自行繁衍扩展。原盆的青苔不可移植干净，留下一小部分，日后还能复原，但青苔被移走的部位应以新土把凹陷处填平。如果空间宽裕，也可用较大的浅钵来培育青苔，平日观赏之余，也算是经营了一处供应青苔的"农场"。

美丽的青苔能让盆景更显自然，增色不少。

野外取苔的栽植过程

1. 以扁平的工具铲取青苔。

2. 背面凹凸不平的地方，以细土填满补平。

3. 以喷雾水的方式将土弄湿，青苔才能附着不致脱落。

4. 微施力，将青苔压入已配妥植土的浅盆上。

5. 周围空隙再填满自己喜欢的化妆土。

6. 完成后充分给水，并置于光线充足处。在有植物的盆面上植苔，方法相同。

青苔的孢子极细小，采集时要小心，可以一只手拿剪刀稍微倾斜剪下，另一只手持垫板或硬纸板承接，然后再收集入袋。

青苔长得过于茂密而爬上树干，也会影响植物的呼吸，务必去除。

孢子培养最自然

青苔孢子繁殖最繁杂，育成时间久，也需耐心照料，但成功之后却最为自然美观。真正想把青苔养好的人，不妨耐下性子用此方法培养。天气渐暖之后，原本平坦的苔面会冒出一根根细如发丝的东西，上方有一粒可爱的小圆球，那就是孢子，起初是绿色的，一两个月后会转变为深咖啡色，就代表孢子成熟了。

选个晴朗的好天气，待日出几个小时后，确定露水消失再动手收集，因为孢子体形极小又极轻，一旦沾水就很难处理。孢子采集后，均匀洒布于盆土上，不要太密，一元硬币大小的范围约10多粒即可。布好孢子后取一张卫生纸（不要用质地较坚韧的纸巾），将土表全部覆住，再以喷雾方式湿润盆土，喷湿后不可把露在盆外多余的纸去除，否则很容易使安排好的孢子移位或掉落。卫生纸能透光、吸水、透气，更能保护这些孢子不被冲失吹散。一两个月后，原本相当不好看的卫生纸会渐分解，同时土面也开始呈现出微绿色，植苔就算成功了。在这期间，记住日照、水分都不可缺少，给水时小心，不要将表土冲散，大雨来前，盆要移至安全处，才不致前功尽弃。另外，若事先把盆土布置成略有高低起伏的样貌，效果会更自然。

青苔虽好，但过于繁茂，甚至开始附着植株往上爬升时，就务必去除，它会使植物表皮受损、过湿，影响树皮的呼吸作用，盆土表层也可能因此透水透气变差。恰到好处，才能将青苔的长处完全发挥。

营造老树气象——矮化植株

常有人问如何把植物变小？其实谁又有通天本事把长大的植物缩小？让植物有变小的感觉，通常通过修剪、控制水分、摘芽、日照充足、缩小培育空间等方式来达成。矮化之后的植物看来是否自然，因做法的细致与粗糙，会呈现极大的差异。

截干后处理伤口："截干"并非矮化植株最理想的方式，但大多数人都抱着把植株养大养胖了再处理的观点，所以截干反而成了最常使用的方法。培育植物的高妙之处，就是下了大功夫，也不会让人看出。以修剪而言，即是把人为伤口处理到不明显或完全消失。因此，植株截短前要先确认下方是否有明显的芽点或节线。健康的植株截短后，很快就会发出新芽，待新芽长结实后，就要处理截杆时留下的伤口，若只有一个芽，那么顺着芽的下方将原先的伤口斜切，有两个芽时，则由两芽之间切出V形切口。如此一来新芽往上持续生长的同时，伤口会渐渐愈合，最后伤口会消失。反之，若不处理伤口，可能会形成疤痕或中心部位腐朽中空。

截干的处理

1. 在预定的高度截断后，需以利刃将伤口削平，才能均匀长出小芽。

2. 将位置不良或过于拥挤的新芽去除，使留下的芽长成健康的枝条。（截干后一年）

4. 经过数年，截干的伤口已愈合，上部枝桠也因反复的修剪而形成伞形。（截干后10年）

3. 一年当中不再修剪，使枝条长得更粗壮。（截干后两年）

截干的伤口要处理干净，勿留下一小段残枝，将来才能完美愈合。

植于小盆： 把植株植于较小盆中，生长一受拘束，植株的体形必定会较小，要是再配合摘芽，使植物往上生长受阻，就有可能分生出较小的芽，或由下方再萌出芽。如此会使植物往上的速度变缓，而且分生出较多的芽，也使枝条有横向生长的可能，植株看来就会矮些、宽些。

　　控制给水： 控制水分也是让植物矮小结实极为重要的工作。植物吸收水分之后，定会有部分贮藏于树干枝条中，当盆土干燥时不会有立即枯萎的危险，这时它们也会自行调节新陈代谢，并将枝叶下垂以避开强光，同时减少水分蒸发面积，甚至会停止生长。如果能拿捏好这种时机，再予以补充水分最好。经常保持盆土潮湿，植物固然安全，但生长速度快，而且植物含水多时，枝条会抽长且较不结实。

　　充足的日照： 日照充足其实是使植物矮化最重要的一环。光合作用是植物的本能，光照不足时，枝干会伸长寻觅光源，叶片扩大以求增加日照面积，植物体态就会变得瘦长松散。如果自作聪明，想补充养分以弥补光合作用的缺失，结果会更加不利，叶子光合作用的天性不会改变，加入的养分反使叶片更大、枝条更长。日照不但使植物增强杀菌能力不致生病，明显的日夜温差也能正常地调节其生长，不致出现徒长的现象。

　　循序渐进才能使植物矮化得自然，遵守以上这些要点就不难做到了。

在全日照下，夏枯草长得结实短小，并且开了饱满的花。（盆宽2厘米）

被置于阴暗角落的夏枯草，徒长的枝叶柔软细长，毫无生机。（盆宽5厘米）

盆中山景——附石

有些人喜欢在植物旁放置各种造型、色彩的石块，好让盆栽看来更加浑然天成，这就是附石栽培吗？这只能算是一种装饰搭配，不能称为附石栽培。植物必须是生长在石上，或根系至少有一部分与石相依紧靠，才能称得上附石。附石栽培看起来有点难，不过只要慎选石材、植物，加上施作方法正确，就很容易完成满意的作品。

草本植物的附石

选用质松多孔的石材：草本植物的附石石材，除形态之外，还要注意吸水性。因草本植物的根系以细根居多，它们会想尽办法钻入石块的缝隙，除了固定自己，也吸取石中的水分。因此，要避免选择坚硬平滑的石材，比较理想的是珊瑚礁、石灰岩、砂岩、咾咕石（珊瑚化石），甚至烧结的煤渣块。

形态与稳固：挑选形态合宜的石块，最好考虑能站稳的，要不就用敲、磨、切（利用手边工具）加工石块，使之站稳，站不稳的石块日后很难配盆。

从小苗种起：草本植物的生长通常较快，不要贪心直接把较大植株植于石上。小苗的适应力强，对水分养分的需求也少，让它们附于石上慢慢长大，才是正确的做法。挑选植物时，尽可能不用一年生草本植物，否则花费精神，却只能享受短暂时光。

栽培要领：先在石上预备附石的部位抹一层薄薄的黏土，将小苗的根系稍加整理，使之呈扇形展开。剪去过长不整齐的部分，再平贴于石上，外部的根系略用水苔覆盖（若盖上一大团，日后的清理工作将很麻烦），覆好后以塑料绳将植物根系缠绕几圈固定在石上，再将石植于保水良好的土中。有些草本植物，像虎耳草，都是细小的须根而无主根，它们的附石栽培就更简单了，无需绳索缠绑，直接包裹水苔植入石缝即可。

适合草本植物附石的石头

咾咕石

珊瑚礁

砂岩

煤炭渣

草本植物的附石（虎耳草为例）

先备好材料。珊瑚礁先浸水几日并换水多次以除盐分，顺便清除孔中的砂石、海藻、小贝壳等杂质。虎耳草取体形较小的，先去除部分旧土，再把根系剪至2厘米左右。水苔要先泡于水中吸饱水分。

取两小团水苔由左右两方包住根系，完全包覆住再整理成球状，这个根球需比预备植入的洞穴大一些。

以镊子辅助植入孔洞中，当根球进入洞内后，水苔即会开始膨胀恢复原状，此时就能将植株牢固地撑在洞内了。

多找些适合的洞穴，多植几株看起来会热闹些，日后若太拥挤再做挑选。完成后立刻将叶片喷湿，放置在半日照的地方。日后的工作除了与一般盆栽般浇水之外，记住要去除老化变黄的叶片；水苔不必清除，时间久了自然就会分解。

注意，根系位置绝不能埋入或太靠近土壤。附石是希望由石块吸收水分，再将水供给植物根系，植物为吸水就会努力钻入，因而附着石块；若直接埋入土中，这些根系当然选择朝松软的地方发展，谁还愿意往坚硬的石中钻？

植妥之后，日照很重要。阳光会使石块表面干燥，但内部仍有经下方毛细作用吸取上来的水分，植物根系本就具有寻找水分的本事，自然就会往内部发展，而且此时没了土壤中的养分来源，光合作用的重要性也就更凸显了，要是怕晒伤而置于阴凉处，附石将难以成功。

大约一两个月后（视种类会有快慢的差别），可见新芽新叶冒出，此时就可拆除塑料绳，除去水苔，移置浅盆或水盘中观赏。草本植物的根系若无法尽情发展，植株就会生长得比正常尺寸来得小，因此，若石块够大，可在适合部位多附上几株，植株会保持娇小形态。

木本植物的附石

选用坚固的石材：木本植物所需的石质，恰与草本植物相反，其有发达的主侧根系，而不是以细根为主。随着它们的长大长高，下方需有强大的支撑力。若选用的石材不够结实，往往会被撑破、挤碎，导致前功尽弃。

从小苗种起：选用的植物也以小苗为宜，因为此时根系尚未完全硬化。适合的植物有榕、枫、槭、榆、九芎等，较小型的灌木可选六月雪、福建茶、杜鹃、状元红，这类树种枝干形态优美、根系发达。

栽培要领：比较起来，木本植物的附石较易成功，但所费时间也长多了。选用凹凸有致或有深裂缝的石块，想办法让植物根系伏贴于石上。若不能完全伏贴，可用较宽且略有弹性的塑料绳，将根系牢牢固定于石上（注意，勿用细绳或金属丝，否则会陷入而形成难看的疤痕），要尽量使根系与石之间没有空隙，但也不可用力过度而造成破皮。

绑好后，将超过石块底部的根剪除，植于土中。这部分与草本植物的做法完全相反，根要完全埋于土里，以便快速生长变粗，才能将石块抱住。建议使用白色或透明的塑料软盆，因植物根系都有畏光性，盆钵外表若有光线进入，根就不会往外发展，加上塑料绳的束缚，根就会乖乖地依附石块生长。

附石的工作最忌贪快贪多，循序渐进才能配合植物生长。此后的做法就要考验耐心了。每隔一段时间（依树种生长速度有差别），大约两三个月，就把盆的上缘剪除2～3厘米，并剥除表土，让一部分根系露出，这些露出的

附石栽培前半期，使用黑色软盆有利于剪除盆缘。当软盆下降约一半之后，可移至素烧盆栽培，毕竟素烧盆的环境较有助于植物生长。（附石栽培中的青枫小苗）

根系受了外界的影响，例如光照增加、水分减少，会增粗并促使下方的根系更快发育。如此持续施作几次，根与石就能完美地结合，大约一年后就能移至素烧盆中继续培养，或移至成品盆中。附石成功之后，以一般的修剪照顾就行了，但也不宜植入太大的盆中，根系若有太大的生长空间，就可能会将石块拱出土面，造成不易处理的窘况。

木本植物的附石（青枫为例）

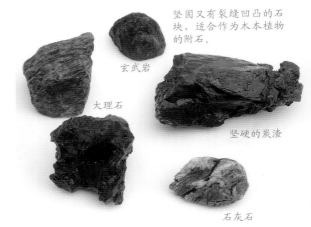

坚固又有裂缝凹凸的石块，适合作为木本植物的附石。

玄武岩

大理石

坚硬的炭渣

石灰石

1.准备材料：小苗、石块、塑料绳、软盆

2.找出理想的附着处。

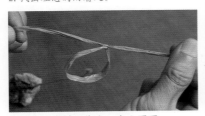

3.预先将塑料绳绑出一个小圈圈。

4.以这圈圈钩住石块的凸出处，才能空出手来做后续动作。

5.缠绕塑料绳，将根系与石块紧密结合，但也不要绕太多圈，以免影响根系生长。

6.剪除超出石块的根，植入软盆。

7.几个月后，叶片增多，树干也明显变粗了，就可剪除部分软盆上缘。

8.当软盆剪除约一半之后，根部的附着应该也已经完成。之后可移至素烧盆再培育，或者移入成品盆观赏。

9.取出石块，拆除绳索，可见根系已经紧贴于石上。

10.植入理想的盆后，小巧的附石盆栽就出现了。

可观的下盘艺术——露根

植物的根，因长年埋于土中，容易让人忽视，其实根部的线条，比起单调的枝条更富于变化。植物根系不能像枝叶般毫无限制地往空中发展，栽培介质的软硬及颗粒大小、盆钵外形与深浅、排水性及保水性，这些都会使根系有不同的去向，有时直伸入土中，有时盘旋盆壁，在我们不知道的情况下，发展出极富变化的模样，要是能欣赏到也是一大乐事，只是要把向来不见天日的根系呈现眼前，得花些功夫。

以纸筒栽培根部

要将植物的根直接暴露于土面，保持合适的水分与阳光，是极严苛的挑战。而贸然将根拉出土面，非常容易失败。

利用家中或办公室里的保鲜膜、复印纸等的卷筒作为盆钵，很适合露根培育。先设定植株的日后高度，把太长的卷筒剪短至合适长度。由于高度大幅增加，会使排水性变差。植物根系置入后，将卷筒稳固于盆中，卷筒底部的三分之一要使用颗粒较大的土，再依序放入中粒土、细粒土，最后彻底给水，务必使筒身内部完全湿透。完成后高度增加的植株，重心不稳，要摆在不易被碰撞或风吹的位置，若在烈日下翻倒，待发觉时往往已回天乏术。

阶段性地露根

栽培期间要多注意新枝桠的发展情况。两三个月后，若明显看出已有生长变高，就可知根系已向下伸展了一些，此时可将卷筒上缘剪去一小段（剪时要小心，别伤及贴在筒壁生长的根系），剪后将土剥除，就可看到颜色较

经过4年的培育，根系露出土面如此的长度，之后又以3年的时间，利用每次换盆慢慢倾斜，育成现在的模样。（杜鹃，左右10厘米）

浅的根系。此时因一小部分的根暴露出来，对植物可能造成些许负担，应当把上方新长的枝叶修剪一些（若根露出两厘米，上方枝叶则至少也要剪除2～3厘米），露出的根离开了植土，开始接触阳光，受此刺激，下方的根会往更下方发展。如此，再过几个月，剪过的枝叶又开始生长时，就按原方式把卷筒再降低一些，慢慢地，根系就会挺立眼前了。

　　进行露根培育绝不能急。下方根系还未长好，就急着降低卷筒高度，或一下子降低太多，都不利于植物生长。摆置的场所也须注意，不可为了躲开强风，而塞入角落，造成日照不足、通风不良。卷筒若太小，可用装羽毛球、网球的筒子，但别使用很难剪的硬质塑料管。一般纸筒在盆土湿润的情况下，持续一年也不会有什么问题。

露根的步骤（连翘为例）

1. 已培养3年的苗木。

2. 由盆中取出后，去除旧土，并将纠结的根系整理好。

3. 将根系套入塑料袋内，并将塑料袋小心装入筒中。由卷筒下方抽出塑料袋，所有根系就能顺利进入筒内。

4. 底盆以粗粒土将纸筒置妥，将植土填入筒身，用竹筷将土填密实，最后由卷筒上充分给水。

5. 几个月后，剪除约3厘米的卷筒。

6. 半年后又露出3厘米，根系的线条已经慢慢出现。待露出想要的高度之后，就可以移植到新盆。

我把森林变小了——合植

　　盆栽多是一盆一株分别种植，若多株并植，就称为合植。大多数的合植都以同种类的植物为主，如此生长习性、体形、叶形、枝形都相同，管理容易，整体搭配也较协调。不同种的植物合并于同一盆中，要考虑的条件会多出不少，譬如对阳光、水分、土质的需求是否相同，叶形、叶色、枝形、生长速度、是落叶还是常绿、是否宿根性等条件，都要周到考虑，才能有完美的组合。习性相差太多的植物，是难以并存于盆中小天地的。

　　草本植物的生长通常快得多，植于小盆中，根系很快就会因生长而结成盆状的根球，放入大盆中也会如此，只是时间长一些。所以草本植物的合植，最好以短期的组合为宜，选择在同一段时间里展现最好的植株，以造园的方式配置，在一方小天地中，就可同时见到花、叶、果等天然美景。草本植物变化快，花谢、落果后，外形很容易发生改变。欣赏期过后，可将它们一一植回培养盆中，待时机再合植，以重现美景。若任它们在盆中生长，几个月后就可能成为杂草丛，很难再整理回原样。

草花的合植

选择生长环境相近似的植株，先在盆中稍作安排。如意草、耳挖草、绶草，都是春季潮湿草地上可见的小巧野花，搭配具有线条美感的彩带草，正好可掩映绶草花序下方的单调。

大盆先配置好盆底粗粒石之后，将这些植物一一取出，按高矮顺序由后往前排列植入，以便观赏到全景。最后铺上化妆土及青苔，使整体更自然美观。

木本植物的合植

备妥合植的苗木、石块与盆钵。选用的植物为高耸的柏、枝桠横伸的榔榆、细密低矮的杜鹃，以便营造上下分明的层次感。

合植后能维持很多年的观赏期，每一年都能见到不同的树势风貌。栽培期间也要不忘修剪。

木本植物的合植就比草本植物理想些，虽然不能表现出草本植物合植的缤纷、温暖，不过气势却强多了。高挺的乔木配上中型的植株，下方辅以低矮的灌木，若再置入适当的岩块，更能呈现荒原景致。植物的体形虽有差异，但若是生长的环境相近，也能长期共处。常绿的针叶树、叶片会转黄变红的落叶树、开花的小灌木错落分布，天地虽小，四季变化尽在盆中，也值得尝试。

小树也能变森林

缺乏耐性，是植物栽培者普遍存在的问题。想想，刚发芽萌出的小苗，须养育好几年才略具观赏价值，许多人不愿花时间，就以购买成株为主，如此虽然观赏的愿望迅速得到满足，却少了培育的情感，也少了培育过程可贵的经验。

想以小苗培育获得成就感，必须善用"团结力量大"，即把娇小的苗木并合一起后，整合成一片小森林，单株的瘦弱就不明显。

直接将种子播于盆中，是最直接简便也较自然的做法，但因种子的成熟度不相同，有些先萌发，有些则晚些，有些甚至不发芽，所以宁可多播些，太拥挤时再将部分拔除。

自行扦插的苗木，发根后就需移植，可分别种植，也可直接将全数苗木完整移植至新盆。种植森林式的盆栽，浅盆是最佳选择，因盆壁太高，会失去地表的感觉。使用浅盆，除了视觉需求外，也会使小苗发展侧根，粗大的直根不易出现，也正好符合盆栽植物的要求。

况且，20株小苗分别植入20个小钵，需土量虽与并于一个浅盆的需土量相当，却因少了20面"围墙"，每株小苗享有的空间更大了，于是，在我们欣赏小景的同时，它们也正以更快的速度茁壮成长。

小苗不见得要布满盆面，也许分成两三个群落，也许只靠着左半面或右半面而留下一处空地，如何安排都行。但得把最大最壮的放在中央，它们才能均衡发展。较小者若置于盆中央，会遭周围高大的同伴挤压，造成日照通风不足。

当这些植株根系布满盆中，并已开始自盆缘爬出时，也已长得够壮了，这时就能够移出单独培养。要是已对这片森林有难以割舍的感情，不妨继续将它视为完整的个体，去除较弱或位置不良的植株，将所有植株当成一株，修整外围过长的根系，再移入稍大的浅盆，同时修剪枝叶。修剪时也将整盆植株视为一株，不再单独计较各株的模样，再过一两年，它们纠结的根系也不容易分开了。

小树变森林

1.扦插一年的榔榆小苗。

2.由培养盆取出后，去除原来盆底的粗粒石，降低土层厚度，并略调整整体位置，以搭配新盆。

3.浅盆配好盆底网、粗粒石之后，将苗木完整移入，并补充新土。

4.覆上适合的青苔，可帮助苗木站稳，也能保护隆起的表土。

姿态略做调整并修剪，即完成小树林的雏形。

第五章 ◎ 盆栽实例

草本植物

　　野外草本植物的栽培有诸多优点：繁殖容易、成长迅速、取材不难，短时间内就能享受开花结果的乐趣，而且花朵模样、数量、色彩往往比木本植物丰富。在栽培的过程中，能熟悉野草的生活史，见证它们由萌芽、发叶、成长、开花、结实、枯萎、再开始下一代的新生，这样的经验必定是深刻而令人感动的。

　　也许有人认为草本植物生命短，不值得下功夫栽植，那么建议您尽量栽培多年生草本植物，它们有很多年的寿命。由于新陈代谢快，每一年在花后或入冬给予修剪（有些宿根性草花，入冬后地上部也会枯萎，无须修剪），第二年又能呈现出截然不同的外观，并且越来越细致茂密。草本植物事实上更有条件装饰您的居室与阳台、花园。

鹅仔草

【栽培与养护】

鹅仔草生命力强，若长于开阔地，便是一柱擎天的模样，若在墙缝、砖隙间生长，根茎也会扭曲缠转，变得奇形怪状，但上方依旧抽出青翠的绿叶。平日无须特别照顾，只要去除老化的叶片。植入恰可容身的小钵中，可长久保存怪异的根基部，一旦植于大盆，就会迅速恢复原本肥胖的外形。

【取材与繁殖】

播种繁殖虽容易，但建议在墙缝角落处选材，取得各种样貌的成株。采集时，剪除过长的根须及上方所有茎叶，植入盆中后大约10天，新芽就会萌出。

取自空心砖旁钻出的植株，移入盆中3年。
（盆宽9厘米）

自砖缝里取材移入盆中4年，根茎部已经长得相当粗壮。（盆宽6厘米）

科别：菊科

学名：*Pterocypsela indica*

生长形态：一至多年生草本

野外生长环境：向阳的路旁、荒废地、田地

日照需求：半日照

土壤条件：排水良好的任何土质

开花期：全年

单株植于石盆中，颇有几
分禅意。（石高5厘米）

通泉草

【栽培与养护】

常见的小型野草，只要水分阳光不缺就能好
好生长，还能由根基部分长出小株。虽然它常被
认为是一年生草本，但盆植时也能过冬，甚至多
年生长。

平日无需动剪整修，只须去除老旧叶片，
若残留一小段叶片，会发黑并塌在土面上极
不雅观。去除叶片可直接以手指贴着叶基部拔
出，不要用刀具，因它体质极脆，刀剪伸入密
生叶丛，常会不小心把植物弄断了。

【取材与繁殖】

播种、扦插皆可。有时种子飘来，可能就
在自家其他花盆中自然长出。因通泉草常群聚
大片生长，也可直接由野外移植小株栽种。

科别：玄参科
学名：*Mazus pumilus*
生长形态：一年生草本
野外生长环境：低海拔潮湿的草地、路旁及沟渠边
日照需求：半日照
土壤条件：排水良好的腐殖土
开花期：2月～5月

播种栽培第二年，已经生长得相当茂盛，花后可以试着分株到其他盆中，也许能意外多欣赏几年。
（盆宽10厘米）

此株直接从住家庭院角落移植上盆，开花结果持续一两个月，摆置在窗台一角，小巧生动。（盆高3厘米）

紫花酢浆草

【栽培与养护】

紫花酢浆草与黄花酢浆草，栽植上有极大不同。

紫花酢浆草叶片大，直接由根基部长出长长的叶柄，靠地下鳞茎慢慢扩大领域，生命力强，极度干燥时，即使叶片枯干，土中的鳞茎仍能存活，等待时机又迅速冒出新叶。不过，它的鳞茎会渐渐往下深入，一两年后甚至达到盆底，因此，最好选择略有深度的盆钵。种植时，可以把鳞茎置于盆中央，让它们像整束花般生长，也可把鳞茎掰成小块，散置于盆四周，就会出现草原般的景象。

无论紫花或黄花酢浆草，至少都要有半日照，否则不易开花。紫花酢浆草的植土排水性尤其要好，鳞茎才不致腐烂。

【取材与繁殖】

取地下鳞茎繁殖。

紫花酢浆草的鳞茎

科别：酢浆草科
学名：*Oxalis corymbosa*
生长形态：多年生草本
野外生长环境：普遍长于平地、路旁及庭园
日照需求：半日照以上
土壤条件：排水良好的壤土
开花期：冬至夏，2月～4月为盛花期

冬季埋下的一球鳞茎，早春已经长叶发芽，姿态也随着花茎的线条而改变，每年都有意想不到的面貌。旧碗底部打个洞，也可以变成带有古意的栽培容器，这样的搭配相当亲切。（盆高6厘米）

黄花酢浆草

【栽培与养护】

黄花酢浆草叶小，沿着蔓茎长出，一旦茎节接触土面，就会长出根来巩固地盘，有时看来满布盆面，其实是同一株。其蔓生的习性，适合以高瘦的盆钵或吊盆种成悬垂的形态。植入根基部后，让茎悬垂于盆外，裸露的茎若长出根，就要全部剪除，能避免失水，同时也能减轻重量，看起来也更清爽。不过，没有鳞茎的黄花酢浆草，少了地下"水库"的支援，也削弱了耐旱的本事，一旦枯干就无力回春。

黄花酢浆草的种子在成熟之际，可以弹射至四周几十厘米远，种了一盆之后，要当心邻近的盆钵可能遭到"侵略"。

【取材与繁殖】

以种子或扦插繁殖都很容易。

科别：酢浆草科

学名：*Oxalis corniculata*

生长形态：多年生匍匐性草本

野外生长环境：普遍生于平地及低海拔地区

日照需求：半日照以上

土壤条件：排水良好的壤土

开花期：春至夏

具匍匐性蔓茎的特性，适合种成吊盆。此盆器类似早期的便仔笼，也可挂在墙上观赏。（盆宽15厘米）

有时当年开花未必良好，那么好好让这一年的日照、养分多一些，来年就可望有较好的花况。（盆高9厘米）

夏枯草并无粗大的主根，适合植于极浅的盆钵，再用贝壳砂作为盆面的装饰，就能出现海滨的气氛。此盆采用直接播种于配好的盆土上，植株长得不错时，再铺上贝壳砂。（盆高1厘米）

科别：唇型科

学名：*Prunella vulgaris* var. *asiatica*

生长形态：多年生草本

野外生长环境：常见于海滨及低海拔山地

日照需求：全日照

土壤条件：肥沃的腐殖土

开花期：春夏

夏枯草

【栽培与养护】

若以字义来说，夏枯草应该是一到夏天就会枯萎，其实不然。在野外，它们是过了盛夏，开过花后才渐渐枯干，但栽植盆中，花朵有时可维持到秋季，茎叶直至入冬才渐干枯，观赏期很长。

干枯后，可将所有干枝剪除，千万别用手拉，否则会将下方即将进入休眠的地下部扯伤。之后只要维持盆土略湿润，就可静待明春再度开花。新芽萌出时，记得日照要充实，让植株结实，不致因瘦高的枝条影响了花姿。开花前可略施液态磷肥。

【取材与繁殖】

花开过后，种子就在状如小玉米穗般的果序中，整个夏季都可采集。采集后收藏，翌年的冬末春来前播种，当年就有花可赏。

此盆已栽培两年，茎叶一年比一年茂盛，开花期可移入室内欣赏，若希望结实采种子，最好有段时间移到阳台或户外，让虫儿为它传粉。（盆高6厘米）

虎耳草

【栽培与养护】

虎耳草在郊区很常见，栽培更是容易。它对土壤、盆器要求都不高，只要盆不积水就能生长良好。日照充足时，叶子长得结实，叶面小，颜色略带红褐；种于阴凉处叶子就长得大。将多株种成一大盆，也能营造草地的气氛，花儿齐开时更是热闹。

选择草本植物作附石栽培时，应该选择个子小、没有杂乱枝条、根系发达的植物，最好还能开出可爱的花朵，虎耳草完全符合这些要求。

【取材与繁殖】

剪取走茎上的子株栽培，或在成片生长的植株中，直接移植一两株上盆。

科别：虎耳草科
学名：*Saxifraga stolonifera*
生长形态：多年生草本
野外生长环境：常见于低海拔山区阴湿环境
日照需求：半日照至全日照
土壤条件：土质不拘，排水良好即可
开花期：4月～5月

即使不在开花期，精致的盆与叶也令人赏心悦目。（盆高1.5厘米）

盆栽于半年之后的春季抽长了花序，并伸出走茎，利用走茎上长出的子株，又可以培育出更多小盆景。

附着在珊瑚礁上栽培6年的情况：不仅叶片越来越茂盛，自第二年起每年都有相当可观的花，花序大，花期也颇长。（石高21厘米）

部分走茎会有枯黄现象，要随时修剪才能保持整盆美观。（盆宽20厘米）

科别：蔷薇科
学名：*Duchesnea indica*
生长形态：多年生蔓性草本
野外生长环境：平地至中高海拔的山区皆可见
日照需求：半日照
土壤条件：肥沃的腐殖土
开花期：全年

蛇莓

【栽培与养护】

蛇莓是典型的地被植物，小绿叶往往遮蔽了地表，天气一转暖，先是冒出鲜黄的花朵，不久，一颗颗鲜红果实在叶丛间逐一形成，就像缩小了几倍的草莓，滋味虽然不佳，但也是可以吃的。

它们的茎节一接触地面很快就会发根，一旦发根，吸收能力增加，前方的生长也就更旺盛。培育蛇莓很容易，只要由地面拉起一长条，再分段扦插。这蔓生的习性，也适合种于高瘦的盆钵或吊盆，成悬垂形态。

蛇莓喜欢较潮湿的环境，过于干燥时叶片常焦黄。养护时，注意别让叶片过度茂盛，造成严重的上下相叠，否则下方的叶会很容易腐烂，除了不雅观，也可能让根茎受害。开花结果之后，可略施氮肥。

【取材与繁殖】

播种或将走茎剪成小段来扦插繁殖。

盆面上结的果实成熟掉落后，又自行萌芽长出新苗，因此能一直维持满盆的翠绿。

箭叶堇菜

【栽培与养护】

堇菜的茎虽极短且不明显，粗大的主根却能往下伸得相当深，而且扎实，若在盆栽中发现它，又不想培养，就要尽快去除，一旦任它成长，可就不易拔出了，即便拔断，存留在土中的半截根，很快会发出更多更密的新枝。

若要栽培它，正好也可利用这种特性。花期过后，将地上部完全剪除，通常长出新枝叶后又会带来新花苞。如果使用的盆钵不够大，一年剪除两三次就够，毕竟，根部需要有足够的发展空间，才能承担这种强烈的多次修整。

科别：堇菜科
学名：*Viola betonicifolia*
生长形态：多年生草本
野外生长环境：平地至低海拔山区
日照需求：半日照
土壤条件：质地细保水力强的土壤
开花期：春、夏、秋三季

【取材与繁殖】

当蒴果昂首举高时，也就是它成熟即将开裂弹出种子时候，此时采集播种，发芽率最高。其实不需特别收集种子，种子成熟后会自然弹出，在母株附近可轻易找到自生的小苗。

由于叶片相当开展，适合搭配盆面较宽的盆，宽盆同时也能承接散落的种子育苗。（盆宽8厘米）

如意草

【栽培与养护】

如意草又称为匍菫菜，顾名思义，就知它有贴着地面向前匍匐伸展的特性，若种植在高瘦的盆中，就会出现悬垂半空随风飘荡的景致。由于具有多分枝的走茎，无需再摘除新芽，但节间若有不定根生出，要将它们剪除，否则因重量增加及根部发展成熟便自行脱离母株，茎条可能会在半途断落，就失去了轻柔优雅的外形。

【取材与繁殖】

播种繁殖，或自成熟株上剪取茎节已带根的一小段种植。如想大量繁殖，可种植在扁平的盆钵上，每有新株往盆外伸长时，就将它们整理移入盆中接触土面，促其发根，不久就有许多新苗可用。

如意草虽可悬垂生长，但切勿任茎条长得太长，大约15厘米时就要剪短，否则会出现只见下方有叶，中间部位徒有蔓茎的情形。（盆高20厘米）

科别：菫菜科
学名：*Viola arcuata*
生长形态：多年生蔓性草本
野外生长环境：中低海拔山区路旁或原野
日照需求：半日照
土壤条件：排水良好的腐殖土
开花期：2月～5月

胡麻花

【栽培与养护】

胡麻花一年只有一两个月出风头，平时叶平铺展开，叶色也不特别亮眼，在野外往往不易察觉到它的存在，但在春节后会由叶丛中心冒出一根约10厘米长的花梗，在顶端开出略带粉红色的小白花，并聚成花团，年轻的植株大约2至3朵，老株则可开出5至9朵的花。种植时，可用市售的腐殖土，再加上少许蛇木屑。冬季不休眠，隔年春天于根茎处会再发新株。由于根部容易腐烂，栽培过程中最好不要施肥。

【取材与繁殖】

播种或移植小苗繁殖。老叶叶尖接触土壤后，有时也会无性繁殖生出子株。

科别：百合科
学名：*Heloniopsis umbellata*
生长形态：多年生草本
野外生长环境：海拔700～1200米潮湿的山坡地
日照需求：半日照
土壤条件：松软的腐殖土
开花期：2月～5月

胡麻花都是单株生长，若将数株合并于大盆中就会显得热闹一些，由于根系又细又长，宽大的盆对生长也较有利。（小盆高3厘米；石盆宽17厘米）

紫芋

【栽培与养护】

紫芋是姑婆芋的近亲，无论外形、叶形、生长习性都相近。但紫芋的茎、叶、柄都是迷人的深紫色，体形也小许多。喜欢清凉感却容不下大体形姑婆芋的居家环境，栽培紫芋就是最佳选择了。它们随遇而安，在小盆中也能生长良好，叶片不多，盆中栽植通常只有4至5叶，当旧叶片损伤时才会冒出新叶。紫芋不见得要植于水中，只要保持盆土湿润就行。炎夏直射的阳光会晒焦叶片，虽不影响生长，但美观就打折扣，因此，夏季摆在明亮但没有直射日照的位置较好。

盆的内径只不过3厘米，竟也能安身两三年的时间。摆置在茶几上，精致典雅。（盆高4厘米）

【取材与繁殖】

取块茎繁殖。盆中栽植，尤其是小盆，开花不易，但分生块茎的能力不错。在小盆中的植株会分生出更小的子球，若要栽培更多小型植株，不妨在春季取出块茎，将小球用手一掰就可轻易取得。

若经常把老化的叶片连柄剥除，日久之后就会有粗壮的块茎，比起高瘦的长茎更有岁月感。（盆高7厘米）

盆中种植3年，虽矮化了，但仍能分生小株，使这小小盆中出现了老中青三代。
（盆高2厘米）

科别：天南星科
学名：*Colocasia tonoimo*
生长形态：多年生草本
野外生长环境：低海拔潮湿地
日照需求：半日照
土壤条件：黏质壤土

使用的盆器几乎和块茎差不多大，因此植物的体形也变小了。开花的过程中，佛焰苞由绿渐渐转紫红，颇好看。（盆高3厘米）

科别：天南星科
学名：*Arisaema ringens*
生长形态：多年生草本
野外生长环境：中低海拔山区阴湿地
日照需求：阴至半日照
土壤条件：肥沃的腐殖土
开花期：春季

申跋

【栽培与养护】

申跋的叶形相当特别，左右各长一片三出复叶，两叶中央抽出佛焰苞，花谢后结出漂亮的果。其块茎呈扁球形，入冬后上半部会枯干，此时可先将块茎取出，移至理想的盆钵。块茎的大小决定了植株体形大小，但同样大小的块茎在大小不同的盆钵中萌发，体形差异也可达三四倍。想要什么体形就种在什么盆钵，大小完全可以掌握。但要注意的是必须在新叶长出前就植妥，因为其根系非常柔软，上方茎叶又粗又大不易支撑，叶片长出后，就很难将它们稳当地植入理想中的盆。

【取材与繁殖】

可播种繁殖，但发芽率不高，也可直接在大块茎旁寻找自生的小块茎种植。想要较大体形就植于大盆，不但块茎会快速长大，一年后还能多得几个小块茎。

让块茎周围的芽自然萌发小苗形成一丛，比单株栽植更加热闹。若只抽出一叶，就表示今年不会开花。

因块茎较大，长出的茎叶也相当粗壮，适
合种在较大的盆中。（全高50厘米）

申跋发叶时遭虫啃咬，虽然残缺却展现另一
种自然美。（盆高3厘米）

羽叶天南星

羽叶天南星盆栽在入秋后，
地上部分会枯萎消失，这段
时间也要偶尔浇水，保持土
壤湿润，在来年早春二月又
会冒出新芽。

某年冬季，在山区果园中捡拾了两球块茎，
直觉那是申跋之类的植物，带回家后直接埋
在盆中，没想到过不久却出现一盆漂亮的植
物，就是羽叶天南星。（盆高15厘米）

爵床

【栽培与养护】

爵床是小型的草花，它们由基部自然分生小枝的能力不错，往往单独一株就有看似一大丛的感觉。植入盆中后，因根部不能无限伸展，可在花苞未出现之前，在地上部分约三分之一高度处剪断，分枝后会更密，花也更多。

爵床虽是一年生植物，花期过后，若将所有开花枝全部剪除，不让它们有结果的机会，也能越冬继续生长开花，这也许是因尚未留下后代，生理上也就有了改变吧！

【取材与繁殖】

可在春末至夏采集种子，留至冬末播种，或于初春采集小苗数株，合并植于较宽的盆中。

科别：爵床科
学名：*Justicia procumbens* var. *procumbens*
生长形态：一年生草本
野外生长环境：平地、海滨、山区路旁
日照需求：半日照
土壤条件：土质不拘，只要维持潮湿便可
开花期：春至夏

上盆之后将长的茎条剪短，就能分枝得更茂密。（盆高5厘米）

果实的形态像耳挖，成熟时由绿转红褐色，也很醒目，此时也是采种时机。若不采种，在观赏期后尽快剪除果序，才能再长新苗。（盆高5厘米）

耳挖草

【栽培与养护】

耳挖草喜爱稍凉爽的气候，平日尽量摆放于无强烈西晒且较通风的位置。每年春夏两季，不断由新枝顶端抽出花序。若在入春前就先把原本的长枝剪短，那么分枝多，花也会较多，而且开花的位置较低也较美观。使用市售的培养土就可以，但切勿把土填压得太紧密。它们虽然需要多些水分，但要以经常给水的方式照料。

【取材与繁殖】

可播种或扦插繁殖。盆中栽培之后，也可直接将较长的枝条压低接触土面，茎节处会自然发根，待根的颜色由浅变深时（在土面就可看到，无需挖出检视），再分剪移植栽培。

耳挖草的花冠基部突然弯曲直立起来，就像
层层翻涌而来的浪花，故又称为立浪草。
（盆宽9厘米）

盆中栽培时，因土壤透气性
不如自然环境，常有倾斜下
垂的情况，不妨任其发展成
悬崖式。（盆高5厘米）

科别：唇形花科

学名：*Scutellaria indica*

生长形态：多年生草本

野外生长环境：中低海拔山区路旁

日照需求：半日照

土壤条件：松软肥沃的腐殖土

开花期：春、夏

自野地采集小苗后，于盆中培养一年。
入冬后地上部分会枯萎，但来春又会冒
出新芽，因此越冬期也需偶尔浇点水，
以维持地下部分的生机。（盆高7厘米）

科别：唇型科

学名：*Scutellaria barbata*

生长形态：多年生草本

野外生长环境：平地至低海拔山区
或庭园潮湿处

日照需求：全日照至半日照

土壤条件：松软的腐殖土

开花期：春季

半枝莲

【栽培与养护】

半枝莲又叫向天盏，有直立向上的生长特性，所以单独种植一株看起来会相当孤单，即使用修剪的方式使它们分枝，也会有杂乱的感觉。最好几株植于一盆，但也不要太密，否则中央部位的叶片会因环境较差而脱落，枝条就会像竹竿，而外围的植株也会被挤成倾斜状，这对于原本直立性生长的植物而言，枝条就会显得不协调。若不预备采集种子，花后可将植株剪短一半，不过一年剪一次就够了，经常修剪对生长不利。

【取材与繁殖】

使用自然播种的方式最快、最容易，即让开过的花自然结实成熟，它们的种子大半会落在下方盆土上，春天一到就能自然萌发，可直接在原来的盆中任其生长，或将这些小苗移入理想的盆中。

天胡荽

【栽培与养护】

天胡荽极为娇小，常见一大片平铺于地面，如果将叶片托起，会发觉一大片细密的小枝小叶，竟然只由一点点根来供养！虽然它们相当耐旱，但栽培时保持足够的水分，可使叶片更加翠绿光亮。栽培时不需太多的土壤，薄薄的几厘米土层就已足够。因茎叶都平贴土面，采用喷雾方式给水较理想，不但可将叶面灰尘泥土洗去，又能避免将泥土冲起，覆盖了苍翠的叶面。天气渐凉时会开出极小的浅绿色花朵，但颜色与形状都不明显。此种植物以宽或长的盆面栽培，欣赏其细致茂密的叶片吧！

【取材与繁殖】

剪取几段走茎浅埋于土中，就可发展出新株，要小心别把叶片也埋进去了。

科别：伞形科
学名：*Hydrocotyle sibthorpioides*
生长形态：多年生匍匐性草本
野外生长环境：低海拔平原、草地、路旁，也常见于墙角石缝中
日照需求：全日照至半日照
土壤条件：排水良好的砂质土较好
开花期：冬至春

不规则的长形盆任植物匍匐其上，颇有自然草地的风情。此盆播种发芽后两年，已长得十分茂盛。（盆长50厘米）

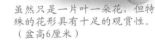

虽然只是一片叶一朵花，但特殊的花形具有十足的观赏性。（盆高6厘米）

利用每次换盆的机会，将根部提高一些些，渐渐地就能露出根群，呈现不同风格。（盆高5厘米）

大花细辛

【栽培与养护】

在野外，大花细辛虽然不算少，却也不太容易发现。它的叶片绿中带着浅色花纹，像迷彩服，极富观赏性。它常躲在别种植物身旁，很少单独露脸，花朵又躲在自己的叶丛下，往往得将叶片拨开才见得到。

大花细辛多生长在水汽足够的山壁斜坡上，根部大多在松松的落叶枯草间展开，并不会深入土中太多。种植时，略微想象一下它们的生长环境就容易了。虽说它们喜爱潮湿环境，但水分过多，叶片也会腐烂，此时要将损坏的叶片由基部剪除，以免塌下来覆盖住健康叶片。花苞出现后，要略微减少水分的供给，如此可将花期延长许多。若想让花朵露出更明显，可用剪短的竹筷插入土中，将一旁的叶柄稍微顶开就行了。

【取材与繁殖】

初春可用分株法繁殖，切取依附在成株上的新苗另植。在春末可用较大植株的粗根作根插，将粗根分剪成小段，每段约三厘米，斜插入土中，只露出顶部一点点，入夏后就会有新芽冒出。剪切时要记好上下位置，倒插是不会活的。

簇拥在茎基部的数朵花，维持了近半年的观赏期，也可以在花枯萎之后进行分株、换盆。（盆高3厘米）

科别：马兜铃科

学名：*Asarum macranthum*

生长形态：多年生草本

日照需求：半日照至阴

土壤条件：松软的腐殖土

开花期：春至夏

科别：菊科

学名：*Ixeridium laevigatum*

生长形态：多年生草本

野外生长环境：平地至中海拔山区，常见于山坡向阳地

日照需求：半日照至全日照

土壤条件：肥沃松散的腐殖土

开花期：全年，冬季较少

杂草随手一栽，也能成为美观的小盆栽。（盆高6厘米）

这一株是取自墙角的野草黄鹌菜，搭配蓝盆，颇能凸显整体的颜色。（盆高2.5厘米）

刀伤草

【栽培与养护】

黄鹌菜、兔儿菜，甚至刀伤草，常是盆栽里的不速之客，一般栽培者总是欲除之而后快，若不把它肥大的根部挖除，就会再萌发，根部膨大后，还会挤压原有植株。然而，若反客为主，将它单独栽培，也会发觉它们既美丽又容易照料，既可以并成一大盆，欣赏数量不少的鲜黄花朵，也可单独植入小不及寸的钵中。其中，刀伤草因具有规则性的波浪状叶缘，观赏价值尤甚其他。

将它们植入小盆时，需将叶片全数剪除，根部也剪至能配合盆钵的长度。它们超强的生命力，不在乎强烈的修剪，很快又会发出更细更小的芽与叶。

【取材与繁殖】

成熟的种子如棉絮般随风飘散，采下撒入盆中，盖点薄土就行，也可直接自他盆中移植。

绶草

【栽培与养护】

绶草出现时通常是一大片，有时也会零星出现在盆栽或庭院草地上，未开花时往往无人注意。它们算是娇弱的兰花，在野外可以生长得很好，植入盆中就不同了，太湿了根会腐烂，太干了又会很快凋萎，最好是使用透气性好的腐殖土，既能保持适当的湿度又不会太紧密。特别要注意盆底不可积水，若发觉叶片有焦黄现象，只能剪去焦黄部分，不可把叶片剥除。它们挺立长长的花序，是依靠几片叶鞘抱着茎来支撑的，为求美观而剥除黄叶，可能会导致花梗倒伏。开花期也需要日照，才能使长长的花序逐一开完。

【取材与繁殖】

盆栽或庭园草地发现自生的植株，可移植上盆栽培，几年后就能分株繁殖。宜在初春叶片尚未萌出时进行根茎分株，若叶片抽长后再分株，往往会因根伸得太深，而不利于分株。

科别：兰科

学名：*Spiranthes sinensis*

生长形态：多年生草本

野外生长环境：平地至低海拔潮湿草地

日照需求：半日照至全日照

土壤条件：肥沃松软的腐殖土

开花期：春

已在盆中栽植三四年。单独一株看来很可爱，若要有壮观的感觉，就要把几株并在一盆，不过得赶在花梗出现前植妥，才不会影响开花。（盆高3厘米）

科别：兰科
学名：*Bletilla formosana*
生长形态：多年生草本
野外生长环境：向阳的草坡、岩壁
日照需求：半日照
土壤条件：松软的腐殖土
开花期：春至夏

白及

【栽培与养护】

　　白及种类很多，但若未开花，狭长稀疏的叶片看来就像一般禾本科杂草，但花梗一旦抽出，风华便自不同。开花期，叶片可能因养分供应的方式改变而变得较少，甚至凋萎，不用紧张，把妨碍美观的老叶片剪去，反能让花朵更突出。

　　平日需要稍微潮湿的环境，使用松软植土有利于假球茎的发展，花期过后不可放任不管，若杂草多了，可能压缩它的生长环境，明年就不易开出更多的花。

　　秋末冬初之际，地上部分会枯萎，只留下土中的假球茎过冬。这段时间不必多浇水，只要偶尔给予水分，来年春天就会再发新叶。

【取材与繁殖】

　　健康的植株会自行分生出为数不少的假球茎，初春将盆土剥开很容易就能取得，约半厘米大小的假球茎植后，便能抽出花梗。不妨收集较小的假球茎，移至较大盆中栽植，就能繁殖出品质好的植株。

若将众多白及的假球茎任其生长于盆中，花朵分布的位置通常不尽理想，不妨在前一年开花后就分植成三、四盆（盆径约5厘米），待花梗出现后再依自己的喜好与美感合并成一盆，效果会更好。（盆高4厘米）

地耳草

【栽培与养护】

　　地耳草又称小还魂，算是农地边相当常见的杂草。除草时若只用锄头刮去土表部分，它们很快又会长出，虽没有粗大的主根，细根却是无孔不入。分枝不多，看起来虽是密密麻麻的一大丛，其实都是由基部一枝枝冒出来的，太过密集时可修去一些，但也可不管，那么外围部分就会被推出，像吊挂在盆边一般。若植于高瘦盆中，渐渐会形成枝条往外悬垂的有趣景象。

　　夏末可将地上部分全部剪除，明年会长得更茂盛。要是太过拥挤，还是得换盆。低温期生长的植株，有时全株会变成红褐色且贴地生长，又是一可观赏之处，天暖时茎叶才挺高并开花结果。

【取材与繁殖】

　　采取枝端成熟的种子，直接播入观赏用的盆钵即可，不需再费心去移植。也可选择较大植株进行分株移植。

由于茎纤细，枝条又自基部冒出，搭配在有点高度的深盆中，收拢着这束黄花绿叶，颇具美感。（盆高9厘米）

科别：金丝桃科
学名：*Hypericum japonicum*
生长形态：两年生草本
野外生长环境：低海拔开阔地、农田及湿地
日照需求：半日照
土壤条件：排水良好即可
花期：春至秋

草本植物细细密密的看起来小巧可爱，但盆中天地有限，太密时需择枝修剪得空旷一些，舍不得剪反会造成枯枝干叶一大块。（盆高5厘米）

含羞草

【栽培与养护】

含羞草最动人之处，就是一被碰触即快速闭合的羽状复叶。含羞草喜欢强日照、干燥，若要维持苍翠繁茂的枝叶，就需要有足够的日照。长期日照不足，叶片会变大、变黄，非但不好看，连想跟它们玩一下，叶片闭合的反应也会变慢。栽培时不需太多水分，太湿则叶片会逐一脱落，变得光秃秃，根也容易败坏。它也十分怕冷，寒流来时，切记移至室内较光亮的地方，等回温后再移出室外。

【取材与繁殖】

播种、扦插都极容易成活。由于它们生长在河边、海边，也常随被挖掘的土壤砂石到处传播，取材并不难。野外采集时，要小心遍布全株的细刺。

科别：豆科
学名：*Mimosa pudica*
生长形态：多年生草本
野外生长环境：路旁、草地、河畔、海边等向阳干燥地
日照需求：全日照
土壤条件：略干燥的砂质土
开花期：夏秋两季

含羞草不见得一定要直立种植，它的木质化枝干也相当坚韧，只要把苗木斜种，很容易培养出像木本植物的悬崖树形。（盆宽8厘米）

紫花霍香蓟

【栽培与养护】

花期一到，低海拔山区的道路两旁就会见到亮眼的紫蓝色小花，看似一片花海。可是要在盆中种出足以欣赏的姿态，就必须靠修剪。野外看似一片的花海，是许多植株集合出来的景象，若单株种植，通常又高又瘦，分枝也不多，尤其花茎更是细长。栽培时，就需要修剪，促使它们在低矮处多生分枝，降低整体高度。

【取材与繁殖】

只要剪取枝条扦插即可，为了日后省事，可剪取较粗并带有分枝的枝条。

虽然在野外是一年生草本植物，但种植在盆中却也能过冬，甚至能有几年的寿命。老枝条上也有不错的萌芽力，花后可以进行大幅修剪，设计出下一年的理想姿态。（盆宽20厘米）

科别：菊科
学名：*Ageratum houstonianum*
生长形态：一至多年生草本
野外生长环境：平地、农地、山区路旁
日照需求：半日照至全日照
土壤条件：肥沃的腐殖土
开花期：夏季以外的时间

即使是草本植物，在经常修剪
的情况下，分枝变多，主茎也
变粗，渐渐就有了树的样子。
（盆宽15厘米）

野菊花

【栽培与养护】

野菊花是值得栽种在家中的植物，除了有鲜黄的花朵之外，叶型叶色也令人喜爱。但或许常见于郊野，栽培反倒受了冷落。由根基部冒出一片片带有长梗的叶片，通常一丛有十多枚，它们需要较多的水分，稍缺水，叶片就会下垂。保持水分充足但盆底不积水，是栽培要领。

夏末可看见一根根花梗自叶丛中冒出，每枝花梗约有三至五朵花，花后除非须采集种子，否则就由基部将花梗切除，使它们保留体力，来年才能长得更好。

【取材与繁殖】

播种、采集幼苗繁殖。春季采集最容易成活，当年就能开花。

科别：菊科

学名：*Farfugium japonicum* var. *formosanum*

生长形态：多年生草本

野外生长环境：中低海拔山区路旁、山坡斜面上

日照需求：半日照

土壤条件：松软肥沃的腐殖土

开花期：8月～10月

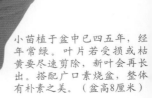

小苗植于盆中已四五年，经年常绿。叶片若受损或枯黄要尽速剪除，新叶会再长出。搭配广口素烧盆，整体有朴素之美。（盆高8厘米）

月桃

【栽培与养护】

月桃的体形不小，光凭叶片可用来包粽子就知道了。如此体形事实上并不适合种植于盆钵中，其枝高挺，叶片狭长，植于盆中很容易倾倒。但若将地上部分剪除，块茎切成小块分别植入小盆，就能培养出迷你型的月桃。

优雅翠绿，带有光泽的叶片是相当值得观赏的，夏季的烈日往往造成叶尖焦黑或发黄，只要把受损叶片剥除，自然会再生出新叶来。它们颇能调节自己，就是那么寥寥数片，少了一片再长出一片，在管理上相当轻松，只要注意不缺水就行。

【取材与繁殖】

可播种繁殖，但切取带有芽点的地下块茎更方便，将它们植入大盆就形成大植株，植入小钵也会安分地生长。

科别：姜科

学名：*Alpinia speciosa*

生长形态：多年生大型草本

野外生长环境：平地至低海拔山区林荫下

日照需求：半日照至全日照

土壤条件：保水力强的黏质壤土

开花期：晚春至夏

把月桃植入这么小的盆钵，就要当它是纯粹的观叶植物，奢望开花就不切实际了。（盆高5厘米）

庭菖蒲

【栽培与养护】

庭菖蒲根系柔软，偏偏个子又瘦又长，不太适合种在小盆里，否则不但看起来稀落单薄，也不易站稳；若合并成一大盆，不仅可以相互依靠而长得茂密，也会因各株不尽相同的开花时间，而使观赏期大为延长。在春季刚萌新芽时，就要将数个小株合植在一起，之后随着生长，它们能自行调整彼此的间隔与生长方向，不会杂乱；若等体形稍大后再移植，不但难以植妥，整体也会不协调。

【取材与繁殖】

果实成熟后可采下收藏，待第二年春播种，或自野地移植小苗合植。

科别：鸢尾科
学名：*Sisyrinchium atlanticum*
生长形态：一年生草本
野外生长环境：中低海拔山区潮湿草地或山坡
日照需求：全日照
土壤条件：一般培养土
开花期：春、夏

盆面铺上树皮，可以很弹性地挪移树皮，托住柔软枝条，以调整枝叶的姿态。花陆续开放随即结果，观赏期达两个月以上，期间可以陆续采集成熟的果实。（石板长度35厘米）

高山油点草

【栽培与养护】

　　油点草个头不高，约30～40厘米，叶面散生油点，花朵也有紫红色斑，难怪称为油点草。它的野生群通常能形成大片的花海奇景，因为除了掉落的种子能萌生新苗外，地下根茎也能冒出新芽，只要环境适合，就能大量扩展。但人工栽培不见得很容易，因它需要潮湿的环境，土壤要松软、肥沃却又不会积水，但怕热，喜爱冷凉的气候，要是在家中庭院、阳台一角，正好能找到这么一块适合培育的地方，就别放过这机会。

科别：百合科
学名：*Tricyrtis formosana*
生长形态：多年生草本
野外生长环境：中低海拔山区潮湿阴凉处
日照需求：半日照至阴
土壤条件：肥沃保水性佳的腐殖土
开花期：夏末至冬

【取材与繁殖】

　　播种、切取地下走茎分植、分株都可，但分株较易，成长也较快。

栽植这类大型草本植物，盆体的重量要够才不致倾倒，盆面也要开阔以利生长，当显得拥挤时，在花后就需要分株。（盆高12厘米）

及己

【栽培与养护】

因每一茎端只有4片叶子，又称四叶葎或四叶莲，其中一片若受损，也就维持3片不再生长。及己的分枝性不错，把长枝剪短就会有分枝，但每一分枝仍保持前端四片叶，春季会由这4片叶中央的茎顶，抽出1～3条米白色的穗状花序，样子极为特殊。花后将茎剪短，来年才能长得矮壮，也能增加花序的数量。

【取材与繁殖】

可在夏末采取种子播种，但直接用较粗的茎扦插会更为快速。

扦插盆中培育3年，已从根基部修剪过两次，从原本的一枝变成十枝。有点深度的盆，能使其生长良好，整体也好搭配。（盆高10厘米）

科别：金粟兰科

学名：*Chloranthus oldhamii*

生长形态：多年生草本

野外生长环境：低海拔山区阴凉处、阔叶林下

日照需求：半日照

土壤条件：排水良好的腐殖土

开花期：春至初夏

风车草

【栽培与养护】

种植风车草应选用较沉重的容器，只要不漏水就行。风车草笔直生长，真正的叶退化成鞘状，长在茎基部，看起来像叶子的大型苞片外扩。其个子不算小，用太轻或太高的容器种植不安全。

种植时，以黏质土包覆根系后置入容器，再用土把空隙填满即可。别种得太深，覆土约八分满，土面可置些自己喜爱的碎石，就不会看到灰黑的土壤。水不要加太多，只要满过土面一些或保持土壤湿润就好，这样可避免滋生蚊虫。风车草的向光性极强，每隔一星期就要转动一下方向，才能生长均匀，如有焦黄现象，应自茎基部剪除，让整盆有足够的空间长出新芽。

【取材与繁殖】

使用分株法繁殖，但丛不要分得太小，否则种植时不易固定，要生长至理想形态要很长时间。

此盆栽已照顾多年，一直生长良好，在春夏季，不时有新芽抽出。曾有几次自茎基部全部剪除，让它重新生长。（盆高13厘米）

科别：莎草科
学名：*Cyperus alternifolius subsp. flabelliformis*
生长形态：多年生丛生草本
野外生长环境：平地至低海拔山区溪流旁或湿地
日照需求：全日照
土壤条件：肥沃的黏质土

灯心草

【栽培与养护】

灯心草相当容易栽培，只要植入能保水的容器，有适度的光照，自然就能长得好。使用一般盆钵也许比水盆更理想，因为天天浇水，等于经常补充新水。年中会有新芽自基部渐次冒出，旧叶片也会老化枯黄，通常只要看见叶尖焦黄了一截，将它们自茎基部剪去，就会使新芽顺利萌发。

【取材与繁殖】

由母株上分株，几根为一束种植，就能不断增生，速度相当快。种在宽阔的盆中，生长较好，也较有水生植物的气势。

已于盆中培养两年，植株长约50厘米。每年盛夏常出现叶尖焦黄现象，可从茎基部全部剪除，令其重新发芽，这样新发的植株就能从入秋一直嫩绿到第二年。（盆高10厘米）

科别：灯心草科
学名：*Juncus effusus*
生长形态：多年生挺水草本
野外生长环境：平地、路旁潮湿地
日照需求：全日照
土壤条件：能固着根部的黏质土

灯心草几乎都以丛生状态生长，按照习性只适于植入圆盆中，但若把一整丛由中央分开后成为两个相近的小丛，就可植入长形盆，有绿色屏风般的效果。（盆宽18厘米）

石菖蒲

【栽培与养护】

石菖蒲叶片厚实、鲜绿、有光泽，很少因为环境或季节变化而枯黄。狭长的叶片由相当粗壮的茎部支撑着，平日只要保持充足的水分及半日照，就能终年常绿。因生长缓慢，外形变化不大，但根基部却会不断萌生小芽，若不让其繁殖，在分株时就要尽早除去，才能保持全株绿叶线条的优美，任其发展恐怕会杂乱无章。

【取材与繁殖】

播种虽可行，但生长缓慢，细小的苗也不易照顾。分株繁殖不但简单，也能取得较大的植株，分开后的植株只要带少许根就能成活。

科别：天南星科
学名：*Acorus gramineus*
生长形态：多年生草本
野外生长环境：溪流边或森林底层潮湿处
日照需求：半日照
土壤条件：砂质土

原本生长为圆丛状，分株后安排成侧向生长的姿态，以搭配盆钵的造型。（盆高12厘米）

异花莎草

【栽培与养护】

水田、沼泽地常见这种莎草，小小的球状花序由绿色慢慢转为紫黑色，将它们种入宽盆中，犹如一片草原丛林，翠绿清凉，可提高欣赏度。

种植莎草无技巧可言，只要肥沃黏土加上充足日照即可，但要维持翠绿挺直的外形就需勤劳些，将中央拥挤的叶片剪除。要注意，不是在茎的半途剪断，而是用剪刀贴近根部剪除，如此会使中央部位有足够的空间，叶片才能粗壮挺立。太过拥挤，植株会往外推移而使叶片倾斜，中间部位的叶片也会瘦弱枯黄。莎草的向光性极强，要时时转动方向才能生长均匀。

【取材与繁殖】

野外分株采集，分成几个小丛再合植，会比大丛更好看，生长也会更好。

苗圃边的水泥地不知何时长了一丛，原本是想拔起丢弃，哪知轻轻一拉，竟然拉起完整的一大片，根系未带什么土，还长得如此茂密，这应是土地公送给我的吧！顺理成章地将其整片移入石盆中，看起来浑然天成，散发出浓郁的草原气息。（石板长55厘米）

科别：莎草科

学名：*Cyperus diffromis*

生长形态：多年生草本

野外生长环境：稻田、河岸边以及低海拔潮湿地

日照需求：全日照

土壤条件：保水力强的黏质土

麦门冬

【栽培与养护】

麦门冬以往常被植于小径台阶两侧，作为路面范围的绿色标线，很少人会作为正式的盆钵植物，其美感也甚少被单独展现出来。

它虽只是草本，但具有纺锤形的块根与非常发达的须根，在狭小的盆钵中很容易造成挤压，有时甚至将植株顶出盆钵，使之生长不良。建议使用松软肥沃的土壤与较大的盆器，若看见盆土往上抬升，就要将植株取出，剪除大半的根系再重新上盆。如此照顾，入夏后纯白的花朵会成串挂在抽出的花茎上，花后还会结出动人的闪亮的蓝色果实，并维持几个月的饱满状态，直至入冬才脱落。

【取材与繁殖】

可在春季进行分株繁殖，或于秋季采集成熟的果实，即采即播。

与下图为同一盆植物，在第二年换盆时将植株提高，露出粗壮的茎基部，又呈现了不同样貌。（盆高6厘米）

科别：百合科
学名：*Liriope spicata*
生长形态：多年生草本
野外生长环境：低海拔山区及海岸林中
日照需求：半日照至全日照
土壤条件：肥沃的腐殖土
开花期：夏季

植于石盆中，呈现出在礁石上抽枝长叶的意象。（盆高6厘米）

芦竹

【栽培与养护】

芦竹虽名为竹，但不像一般竹直立挺拔。在野外，它都是斜着甚至垂着生长，多见自石壁、岩缝中伸出，由此可知它对水分、养分的需求并不高，太过肥沃的土质反有烂根的危险。栽培时，特别要注意掌握水分的供给，过湿则叶片会脱落，过干则叶片反卷。

在茎端新叶发出后，后方的旧叶会自然枯黄，最好将它们剥除。盆中栽培一段时间后，可能出现盆中央只余茎条，叶片全长至盆外了。可在夏末自土面将地上部分剪除，大约两星期后，又可见新芽冒出，很快就能更新。

【取材与繁殖】

秋冬季可采种子播种，或用分株或剪取小段地下根茎栽植。小盆约一至两年，大盆3年，就需换盆整理根系，若时间太久，这些结成块的根系便很难拆解整理。

科别：禾本科
学名：*Arundo formosana*
生长形态：多年生草本
野外生长环境：低中海拔山区岩壁及海滨
日照需求：半日照至全日照
土壤条件：排水良好，贫瘠的土壤也可

此盆采用根茎繁殖，盆中生长相当缓慢，能长时间维持一个样貌，若枝条长长，且大半部分没了叶子，就要将整枝剪除，使之再发新芽。搭配黄盆，很能表现自然的色调。（盆高6厘米）

科别：百合科
学名：*Ophiopogon reverse*
生长形态：多年生草本
野外生长环境：平地至低海拔山区
日照需求：半日照至全日照
土壤条件：土质不拘
开花期：春季

也可以附石栽培，但因根部柔细，在附石的过程中需注意慢慢露出，才能适应日照。（石高3厘米）

经常剥除茎上的老叶，刺激其向上生长，就会露出老茎干的样貌。（贝壳宽度8厘米）

高节沿阶草

【栽培与养护】

沿阶草是极常见但不起眼的植物，它适应环境能力非常强，常大面积栽植以取代草皮。除了非常潮湿的土质以外均可栽培，在干燥的环境中，叶片会变得又厚又短，且较为结实，较湿时叶片长且柔软外垂。根系极为发达，在小盆中种久了会将植物体顶出盆外，需注意分株换盆的时机。

移植时，将根全部剪除也不影响成活，此特性正适合附石栽培。开过花后结果率颇高，果实由绿渐转成鲜艳的蓝色，甚至可留存至下回开花时。

【取材与繁殖】

根很能萌发新株，可用分株方式取得新苗，种植成一大丛，看起来更壮观。

入夏后，绿色果实渐渐染上紫蓝色，
一直到第二年春开花前才会掉落。

茵陈蒿

【栽培与养护】

对茵陈蒿的印象，一般人可能是实用多于观赏，因它是治疗黄疸常用的药材。茵陈蒿的叶片极为细密，分裂呈细枝状，往往遮蔽了全株枝干，看起来就像一丛绿发。但其内部因光线不足、通风不良，会有大量枯黄的叶片卡在枝桠间，需时常以镊子去除，才不致影响生长及美观。平日也可以修剪方式将太靠近的枝条择一去除，这样不但能使其长得较好，也能有一般盆景的造型。平日记得需供给较多的水分，叶片才能保持多、密、翠绿的景况。

【取材与繁殖】

剪取如手指粗细的枝条，去除约二分之一的叶片，插于潮湿的细砂中就能发根，但下方切口需平整，如有破裂或外皮损伤就会腐烂。

科别：菊科
学名：*Artemisia capillaris*
生长形态：多年生亚灌木
野外生长环境：广泛分布于海岸、河床至高海拔开阔地
日照需求：半日照
土壤条件：砂质土

修剪是为了抑制增高，也为了增生侧枝，好让它变得茂密，但基本要求达成后就该适可而止。图中植株因早先的修剪已分生许多侧枝，形成一丛翠绿景象。（盆高8厘米）

盆栽枝叶茂密程度达到理想后，就
不再修剪枝条，并且将下方逐渐枯
黄的叶一一剥除，一年之后就变成
如此条理分明的形态了。

防葵

【栽培与养护】

    长在海边的防葵体形差异极大，有高达一米者，也有仅仅数厘米高的，由它的着根处能提供多少养分与生长空间而定。种植在盆中，体形当然不能太大，只要适当剪除直根（露地生长时，根几乎与地上茎等长），上盆时用两支竹筷在盆中抵住根部，将植株固定好，很快就会发出侧根，一旦适应盆中环境，天一暖花就跟着出现。小阳伞般造型的花序可维持相当久，花谢了不要急着将花梗去除，它的结果率高，种子的发芽率也极高。可收集成熟的种子，再播出许多新株。

【取材与繁殖】

    种子成熟后，会在花梗顶端停留一段日子，采集后可立即播种，发芽后约两年便能开花。野外采集的植株因根部极深，较不易成活，也不易稳植于盆中。

栽培防葵尽量不用深盆，否则日后换浅盆时，会有上粗下细的状况。在浅盆中久了，因土壤所能提供的养分和水分较少，干枝会变得老化、结实，与正常生长的植株相较，更具风华。（盆高1.5厘米）

科别：伞形科

学名：*Peucedanum japonicum*

生长形态：多年生草本

野外生长环境：沿海地区

日照需求：全日照

土壤条件：排水良好的砂质土

开花期：春至夏

羽状复叶青绿带着粉白，即使未开花也是很好的观叶植物。（盆高5厘米）

干沟飘拂草

【栽培与养护】

干沟飘拂草虽然只有短短的两年生命，但所展现的韧性却令人吃惊。在干透的砂地、坚硬的岩缝，它都能用细密的小根扎稳自己。细长茂密的叶片，就像团绿色的大毛球。夏季自中心部分抽出高度不成比例的长花梗，花虽不鲜艳，但与绿油油的叶片成了极佳的搭配。

它不仅耐旱，也极耐湿，长期浸泡在水坑中，也未见显现出不适的样子。采集种子时，可顺便在海滨拾取一小袋砂砾，作为介质。通常第一年体形较小，但也能开花，第二年起就会急速扩展，不论花、叶都会大量增加，入冬才结束生命。平时注意别浇太多的水，以免叶片变大，同时要把已干枯的旧叶片去除，保持青翠的模样。

【取材与繁殖】

可直接采集成熟种子播种繁殖。若要自野外移植上盆，切勿贪心取较大的植株，那往往已是生长两年的个体。采集较小者，才能有多一年的观赏期。

播种后两年，前一年花开较少。植入有点深度的盆可以维持两年的生长，无须再换盆。（盆高5厘米）

科别：莎草科
学名：*Fimbristylis cymosa*
生长形态：两年生草本
野外生长环境：沿海岸线普遍可见
日照需求：全日照
土壤条件：排水优良的砂质土
开花期：5月～7月

林投

【栽培与养护】

在海岸边日照所及处就有林投的身影，夏季它能结出像凤梨般的大果实。

虽然野生植株叶片茂密又有尖锐倒刺，令人难以亲近，但养在盆中之后，这些可怕的感觉就会消失。锐刺虽犹在，但小巧的苍翠叶片和不显杂乱的树形颇具个性。种植时可用现成的海滨土壤，保持不积水。若将来长得太大了，不妨再植回海边。

【取材与繁殖】

大型的聚合果由60～80个核果组成，因较重，成熟后会掉落并顺着斜坡滚出。将果实分剥后种植，每个核果会萌生出好几株小苗，将它们合在一起种植，就不会长得太快，对栽培有利，可以好长一段时间欣赏"迷你林投"的个性美。

科别：露兜树科
学名：*Pandanus odoratissimus* var. *sinensis*
生长形态：灌木
野外生长环境：海滨及近海的山区平地
日照需求：全日照
土壤条件：排水良好的砂质土

将砖块钻个洞当成盆钵，排水、透气都一流，用来种植这类旱性植物极为适合。上图植株才种一年，相连的种子甚至还能提供部分营养，也增加观赏乐趣，不过等植株再大些，就会自行脱落。左图是种了两年的模样。
（全株高15厘米）

脉耳草没有坚硬的主茎，生长至几厘米高就会向一旁倾倒，利用此特性，可将其匍匐的枝条整理成一整盆的模样。（盆高1厘米）

脉耳草

【栽培与养护】

海边珊瑚礁的凹洞、岩石裂缝，只要在高潮线以上不致被海水浸泡之处，几乎都能见到这种叶形极小、肥厚、翠绿，开满白色小花的可爱植物。在强烈日照与海风吹袭下，它们就靠着钻入缝隙中的长根来固定自己，并汲取养分、水分，坚韧地活着。脉耳草的分枝性极强，花朵多，花期长，个子娇小，即使花期过了，所结果实仍能挂在枝头直至冬季。栽培时，记住要日照充足，盆土略干一些，即使植入极小的盆钵也能适应。

【取材与繁殖】

播种或扦插繁殖，使用粗枝扦插也可发根。由于根系极长，自海边采集时，千万不要用硬物挖取，以免破坏环境。它们生命力强，只要一点点根系就能迅速恢复生机。

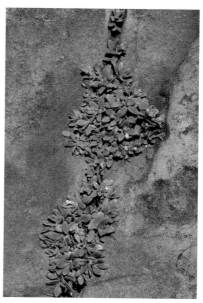

科别：茜草科

学名：*Hedyotis strigulosa* var. *parvifolia*

生长形态：多年生匍匐性草本

野外生长环境：海滨的珊瑚礁上、岩缝中

日照需求：全日照

土壤条件：排水良好的砂质土

开花期：夏秋两季

巴陵石竹

【栽培与养护】

巴陵石竹是中海拔的植物，与石竹外形相近，平地不见得能适应良好，但若能在平地播种发芽，并置放于较通风的地点，播种后两三年也能逐渐适应，花朵也会盛开。它们的枝条相当长，栽培时尽量别修剪，枝条伸展会使根基部变得强壮，大约一年后才修剪长枝，这时会由根基部萌出几个新芽，待新枝条成熟后，花苞就会出现。

【取材与繁殖】

夏秋登山时可采集种子，连同荚果置于冰箱冷藏，隔年春天再播种。荚果剥开后，将细小的种子撒于盆面，再覆盖细砂，以免浇水时种子流失或被风吹走。

播种后两年的模样，外形虽已有些散乱，但因枝头都是花苞而舍不得修剪。剪枝矮化要等赏过花后再动手。（盆高8厘米）

科别：石竹科
学名：*Dianthus palinensis*
生长形态：多年生草本
野外生长环境：中海拔山区向阳边坡
日照需求：半日照至全日照
土壤条件：排水良好的砂质土
开花期：全年，夏秋为盛花期

萎蕤

【栽培与养护】

　　萎蕤的地上茎单一伸展，不分枝，茎叶光滑翠绿；地下块茎发达，颜色暗沉，表面凹凸不平。初春，自叶腋开出下垂的小白花，此时若水分供给太多，花苞在未开之前就会脱落。使用较松软的土壤有利于块茎的繁殖。块茎虽有保水能力，但当冬季地上部分的茎叶枯萎后，还是要略保盆土的湿润，这样明年才会正常生长。

【取材与繁殖】

　　可取大块的地下茎分割，只要每一块都带有明显的芽点，就能成活。分切后先置于通风处一两个小时，待切口干燥后再植入盆中。种植时别埋得太深，让块茎上部与土面齐平就好。

由块茎分割繁殖。萎蕤宜植于浅盆中，给人由地表伸展的感觉，也较不易因盆中积存过多水分而腐烂。（盆高3厘米）

科别：百合科
学名：*Polygonatum arisanense*
生长形态：多年生草本
野外生长环境：低中海拔森林下
日照需求：半日照至阴
土壤条件：腐殖土
开花期：春季

入冬后地上部分会枯萎，天气转暖时，新芽又纷纷冒出。

傅氏唐松草

【栽培与养护】

铁线蕨也能开小白花，这是初见傅氏唐松草时的第一印象。它生长在冷凉、湿度大的环境，在家中若要生长良好，必须有理想的环境。可把它们摆在几盆较大植物的中间，形成半日照的环境，而几株较大植物进行呼吸作用时所蒸发的水气，也能让它沾点好处，但经常在叶面喷雾水仍很重要。

【取材与繁殖】

可用分株法繁殖，或挖取种子落地自行萌发的小苗种植。种子极细极轻，自行播种并不容易，幸好自行落下的种子有不错的发芽力。当然，自行种植后就能任其繁衍，只要盆面够宽，就能有承接种子育苗的空间，有时也会在邻近的盆里发现数量颇多的小苗。

茎叶纤细，搭配浅色盆较有清凉感。尽量不修剪，任茎叶向四方扩展，实在长得零乱时，再剪除所有杂枝，同时也达到矮化植株的效果。（盆高4.5厘米）

科别：毛茛科
学名：*Thalictrum urbaini* var. *urbaini*
生长形态：多年生草本
野外生长环境：低海拔潮湿地及山区林缘
日照需求：半日照
土壤条件：排水透气良好的培养土
开花期：春夏两季

菲律宾谷精草

【栽培与养护】

挺出一根根圆球状的白花，是谷精草的特征。它虽然是一年生草本植物，但是不断有侧芽冒出，终年充满绿意。虽属水生植物，却也不见得一定要植于水盆中，如能保持盆土湿润，在一般盆钵中反而生长得更为强壮，叶片变得更厚、看起来更挺拔，也能正常开花，只要注意别使盆土过干。叶尖若被烈日晒焦，就不会复原，并且会往基部蔓延。为求美观，应将焦黄叶片完全去除。

【取材与繁殖】

野外采集小苗，栽培一段时间后再行分株繁殖。植株成熟后，会由基部发出小芽，此时别急着分株，因细嫩的小苗不易成活，必须等稍够大时再分株。

此盆为连萼谷精草。当容器的深度足够，植株就能分生成一大丛，但偶尔也要将拥挤的植株拔除，以免叶片互相挤压而受损变黄。（盆高35厘米）

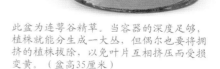

科别：谷精草科

学名：*Eriocaulon merrillii*

生长形态：一年生挺水草本

野外生长环境：山野湿地

日照需求：半日照

土壤条件：不拘，能固定植株即可

开花期：夏秋

谷精草植入浅盆容易倒伏，若盆面铺上贝壳砂，则有助于固定，也能营造出水生植物的清凉感。（盆高2.5厘米）

滨旋花

【栽培与养护】

滨旋花在海滨分布不算普遍，与它的"表亲"马鞍藤相比，就更显稀少了，原因是它在全砂砾的区域不易生长，略带土壤的地带才适合生存，这比起强悍的马鞍藤当然逊色多了。滨旋花肥厚翠绿的叶片，夹带了几条白色线条，看起来极为抢眼，夏季还会开出淡红色的花朵。可用高盆或吊盆种植，以便欣赏悬垂的优美姿态。也可植于宽大的浅盆中，每当节茎生长时，将其盘绕于盆中，这样也能成为极佳的绿色盆栽。日照不足时，叶片会迅速变黄脱落，此时就要尽快移至日照充足处。

【取材与繁殖】

扦插或利用已长出根须的节茎繁殖。因野外的数量不多，千万不要将它们整株带离原生地，只要剪取一小段就可自行栽培，而且成活率极高。

粗枝扦插一年后的情形。（盆高8厘米）

科别：旋花科
学名：*Calystegia soldanella*
生长形态：多年生蔓性草本
野外生长环境：沿海地区
日照需求：全日照
土壤条件：砂质壤土，可用砂土与壤土混合调配
开花期：春夏两季

上图的那盆，过了半年之后，茎条已经伸展，有蔓藤植物的特色。

光风轮

【栽培与养护】

光风轮俗称塔花，依生长环境会有不同的外观。若是在坚硬的石面或水泥地上，即使只有一点点土壤也能成活，但因养分、水分不充裕，所以常呈倒伏状态，只有茎端直立。若在土壤中生长，植株会较粗壮些，也能挺立生长，但分枝较少，可以作大幅度修剪。它的枝条柔软，修剪时越短越好，因分枝后重量会增加，分枝处若太高，茎条就会往四边倾斜，整盆看起来显得松散。

【取材与繁殖】

采集成熟种子直接播于观赏盆中，或剪取数段，直接扦插于盆中。它极容易开花，发根成长时也会出现花苞。

这一株原长在路边，可能因常被踩踏而受伤，分枝茂盛，索性就将它植入盆中观赏。（盆高8厘米）

科别：唇形科

学名：*Clinopodium gracile*

生长形态：多年生草本

野外生长环境：平地及中低海拔草地

日照需求：全日照

土壤条件：土质不拘

开花期：春至秋

这株光风轮原本长在其他盆中，除草时，觉得姿态颇美，顺手植入石盆。（盆高10厘米）

播种后3年，深盆较有利于鳞茎的生长。（盆高9厘米）

百合

【栽培与养护】

像百合这般适应力强的植物实在少见，从海滨被晒得烫脚的砂地，到冰雪覆盖的海拔3000米的高山，都能见到它的踪迹。植株的大小差异更是悬殊，从株高数厘米至高达一米以上都有，能依环境的不同而自行调节株形。

栽植时要特别注意日照充足，否则仅仅养出一大蓬细长绿叶，就是不见花梗抽出。鳞茎会随着时间长大，所以较大的盆才适合其生长。另一方面，盆大的好处是当花梗伸长后，若同时开出几朵花，也不致因重心不稳而连盆倾倒。

【取材与繁殖】

最好于秋季入冬前采集种子，一入冬，地上部分枯萎就无法采集了，也可用分剥鳞茎的方式繁殖。小苗成长后，两三年就会开花。

科别：百合科
学名：*Lilium formosanum*
生长形态：多年生球根植物
野外生长环境：低至高海拔山地、海滨均可见
日照需求：全日照
土壤条件：排水良好的腐殖土
开花期：春至夏

播种后当年长出的小苗，虽然未开花，也是极好的观叶植物。冬季上方枯萎后，将残枝由土表剪除。休眠期别让杂草侵犯，杂草的根除了会占据鳞茎的生长空间外，有时也会钻入鳞茎隙缝中将其破坏。（盆高4厘米）

落地生根

【栽培与养护】

　　非人为栽培的植株，在市区反倒比郊区更容易见到。遮雨棚上、屋檐、墙缝，这些狭小、无土又缺水的地方，就是落地生根最容易被发现的场所。它相当耐旱，根部也只需极小的空间，所以只要种植于小盆再略加修剪就会有模有样。除非浇水过多，否则要想种植失败还真不容易。

【取材与繁殖】

　　成熟的叶片会由叶缘的缺刻处长出小苗，只要剥取带根的小苗即可栽植。散落四处的落地生根，应该是人为栽培时，自行脱落的小苗长成的。如果楼上有人种植，那么楼下就可能找到它。

科别：景天科
学名：*Bryophyllum pinnatum*
生长形态：多年生草本
野外生长环境：平地较干燥处
日照需求：全日照
土壤条件：排水良好的砂质土
开花期：冬至春季

自墙角移小苗至盆内栽植3年，由于经常修剪促进分枝，始终未开过花。若任其正常生长，第三年就有花可赏。

石板菜

【栽培与养护】

　　春季，若在海岸边看见一大片鲜黄花毯，那么应该就是石板菜的群落了。这类佛甲草属植物的花多为黄色星星状。山野普遍常见的石板菜，常被郊野的住家栽植为盆景，开花期相当耀眼。

　　种植石板菜没什么技巧，只要记住日照充足与栽培时不积水，几乎就不会失败。植株是以平面扩展的方式生长，建议使用宽、浅的容器栽培，即使不在开花期，这片绿油油的地毯似的栽植也值得观赏。

【取材与繁殖】

　　石板菜可野外采集或扦插繁殖。扦插时只要一点点的水分即可，就算盆土全干了也不会立即枯死，并且会在发根之后对较热的环境有抵抗力。反倒是盆土若一直湿润，几天内它就会全腐烂了。

石板菜是景天科佛甲草属的植物，它生于岩石、墙头、屋檐上，特别耐旱但也喜欢潮湿。此盆是自路旁取来茎条扦插的，两年之后已生长得相当茂密。待茎叶枯黄时，可一并将地上部分剪除，让它再发新芽。新芽未萌发之前，要减少给水量。

科别：景天科
学名：*Sedum formosanum*
生长形态：多年生肉质草本
野外生长环境：海岸附近的石缝、岩砾地
日照需求：全日照
土壤条件：排水良好的砂质土
开花期：春季

海边捡拾的礁石，有好几个小孔，顺势将一旁自生的石板菜小苗植进去，几个月之后就成这小海岸林的模样。在枝条过长时曾修剪过一次，让它矮化分枝，才有如今较紧密的模样。（石高4厘米）

蕨类植物

　　多数的蕨类植物喜欢阴凉潮湿的环境，但这并不意味着它不需要阳光，或者需要一直浸泡在潮湿的土壤中。在栽培上，它也不像草本或木本植物可以运用修剪来塑造外型、促使分枝，只有环境适宜，才能一直维持绿意盎然。

　　蕨类需要的是潮湿环境，频频浇水只会导致烂根。将数盆蕨类集中管理是营造潮湿环境最好的方式。摆放时让枝叶略有交错重叠，那么盆土与叶片散发出的水气便会聚积在枝叶间，形成一个小小的潮湿环境。若在盆与盆之间再置放几个水杯，就更加理想。如此的盆栽群落能改善环境，偶尔再将要摆设装饰的某盆单独取出，几天后再放回大"家庭"，这种群体照顾、轮番走秀，是养蕨赏蕨不错的方式。

万年松

植入小小的洞中，它就会很安分地以此为家，历经数年也不会明显长大。（石高4厘米）

【栽培与养护】

万年松在药材上有一惊人的别名——"九死还阳草"，这是对它强韧生命力的封号。环境干燥时，它紧缩全株叶片，卷成小球一般，静待数周甚或数月，一旦环境开始湿润，它又舒展开放，从指头一般大小的球体，竟可伸展达10厘米的宽度。

种植万年松切勿心急把它植入大盆，施以大量肥。它原本的生长速度就很慢，大盆因常维持水分充足的状态，会使根部腐烂。将它固定于石隙中静待成长，是较好的栽培方式。

【取材与繁殖】

野外移植采集小苗。根部通常会深入窄小的石缝中，可用手轻拉看看，若不为所动就得放弃，否则硬挖硬撬不但破坏环境，取来的植株也不易成活。

科别：卷柏科
学名：*Selaginella tamariscina*
生长形态：主茎短，直立状生长
野外生长环境：郊野、溪谷地的岩壁上
日照需求：全日照至半日照
土壤条件：通气、排水良好的砂质土

渐渐修剪枯黄的叶片，让短短的主茎看起来像树干一样，体形虽小，却有树的风姿。（盆高2.5厘米）

万年松有依环境来调节体形的能力，由此小盆就可得知。此株已培育10年，小小个体仍饱满有劲。（盆高2.7厘米）

用黏土包住根部后，直接植入孔缝中，就能固着在石上。（石高4厘米）

木贼

【栽培与养护】

木贼是一种奇特的植物，也是环境优劣的指示物，若水质、土质被污染，必然见不到它的踪影。一根根瘦长的茎，看不见明显的叶，但节间的黑色线条极为明显，颇具现代感，种植在釉色明亮的花器中，更能突显风格。木贼的生长完全反应现实，养分充足就会长大，养分不足个子就小，并能自行调节。因此栽植时可依摆置空间，来调整盆大小与水分等生长条件，而不需以修剪来控制大小。事实上木贼也无法修剪，枝节一有切口，就会出现难看的焦黑灼伤痕迹，可用手指将焦黑部分拔除，自然就会从节间脱开，不留痕迹。

【取材与繁殖】

采用分株法繁殖。依所需根丛的大小由母株分出几小丛后，先在根部包上一小层水苔再植入新盆，如此较能迅速恢复活力。

木贼的附石栽培颇值得一试。先剪短上部茎条，将根系整平，贴附在多孔的珊瑚礁上，再用绳子固定，整个种入土壤中，只露出礁块上半部，待发出新芽之后就可取出，拆除绳子，依正常方式照顾。也可置于浅水盘，经常喷水雾。（石高3厘米）

科别：木贼科

学名：*Equisetum ramosissimum*

生长形态：具横走的地下茎及直立的地上茎

野外生长环境：中、低海拔向阳的溪床边

日照需求：半日照至全日照

土壤条件：潮湿的砂质土

（石高4厘米）

巢蕨

【栽培与养护】

巢蕨又称"山苏"，对水分虽有极大的需求，但又不能将它直接泡在水中，最好是能用间接给水的方式来培育。间接给水是将盆栽植物的盆钵底部置于浅水盘中，盆钵的内部下层要用较粗粒的栽培介质，使得水气可以上升至盆钵中上层给植物供水，使根部不直接浸泡水中。盆底层粗粒栽培介质的高度一定要比水面高才行。若有足够的伸展范围，根系就能长得相当大，体形也会相当惊人；相对的，若将它限制于小环境中，也就容易变小了。

【取材与繁殖】

要采孢子来繁殖并不容易，但它们的孢子量极多，在大型成熟植株附近一定会有许多小苗，只要捡取这些小苗种植就够了。

附在石上生长时要注意水分的保持，用一托盘装盛少量的水就安全多了。此外，经常在叶面、根系上喷水雾，更能保持翠绿。（石高6厘米）

科别：铁角蕨科

学名：*Asplenium antiquum*

生长形态：茎短而粗，直立，叶丛生

野外生长环境：着生于潮湿林中的树干
或岩石上

日照需求：半日照至阴

土壤条件：保水力好又松软的栽培介质

取巢蕨小苗，将根系修剪得比珊瑚礁的孔洞小
一些，置入后再以水苔将空隙填满。利用珊瑚
礁的天然孔洞与超强的吸水能力，就能即时完
成附石栽植。（石高10厘米）

蕨类的生活环境相差不
多，把体形、叶形不相同
的种类合植于一盆，也不
会有排挤的现象。（盆高3
厘米）

全缘贯众蕨

【栽培与养护】

在土质深厚、日光较足的地方，全缘贯众蕨的根系会扎得深，很难拉得动。若在土壤贫瘠、日照极差处，就只见几片松散的叶子，甚至连根部都未深入土中，尽管如此，它仍然能成活，适应力极强。

栽培上并没什么困难，只要修剪过多的叶片，保持通风良好即可。环境合适时根系会极度发展，除了将盆钵裹住之外，还会向上将茎的基部包住，这时生长就会变差。所以，小盆每一年，大盆每2～3年就要自盆中取出，修剪过多的根系，换新土及稍大一点的盆钵，这样它的茎慢慢也能长至手臂粗。

取小苗植入小钵，已从原本的两三片叶长成丛生的模样。（盆高3厘米）

【取材与繁殖】

野外移植小苗，种植时要先将较大的叶片剪去，叶片过大、过多都会消耗过多水分，也易发生重心不稳及不易种好的情形。

科别：鳞毛蕨亚科
学名：*Polystichum falcatum*
生长形态：茎直立，叶丛生
野外生长环境：海岸林缘之岩缝或岩石上
日照需求：半日照至阴
土壤条件：松软的腐殖土

盆中栽植7年。植入大钵时间久了，就会出现如木本植物般的粗壮树干。（盆宽15厘米）

笔筒树

【栽培与养护】

笔筒树又称蛇木，在民间还有一别称"山大人"，由此可知它的个头在蕨类中的确是较大的。栽植盆中要欣赏的并非高瘦的干，而是分裂极深的三回羽状复叶，以及茎顶新生的卷曲新芽。

笔筒树需要足够的湿度生长才会正常，所以经常给枝干、叶片喷水极为重要。若出现焦黄叶片，则可自叶基部全部剪除。通常小型盆栽维持在5～6片的叶子较合理，过多叶片会增加植株负担，反倒不好。

【取材与繁殖】

野外采集小苗。已长成的植株不耐移植，挖取也会破坏生态环境。

陶杯打洞后充当盆钵，配上青苔，更有林下湿润的自然气氛。（盆高5厘米）

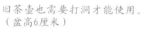

旧茶壶也需要打洞才能使用。
（盆高6厘米）

科别：木沙椤科
学名：*Cyathea lepifera*
生长形态：树状蕨类
野外生长环境：中低海拔温暖潮湿处
日照需求：半日照
土壤条件：保水力好的腐殖土

凤尾蕨

【栽培与养护】

　　凤尾蕨喜欢温暖潮湿的环境，温度太低会停止生长，平日最好放在每日仅接受两三小时日照的地方。强烈日照下往往会造成叶尖灼伤而焦黄卷起，此时要将受伤部分剪除，以免蔓延至下方，影响其他正常叶片。以水雾喷洒叶面，比直接浇水更好。

【取材与繁殖】

　　可轻易自住家四周或野外采集，分株是最常用的繁殖方式。

凤尾蕨具有两种叶，会产生孢子囊的繁殖叶高耸挺拔，搭配矮小深色的盆钵，稳重中又显轻巧。（盆高5厘米）

同种植物搭配了高低不同的盆钵，再剪去高高的繁殖叶，气氛就完全不同了。（盆高9厘米）

科别：凤尾蕨科

学名：*Pteris multifida*

生长形态：羽状复叶丛生

野外生长环境：墙角、沟边较湿处

日照需求：极耐阴，稍微日照即可

土壤条件：腐殖土

科别：合囊蕨科
学名：*Angiopteris lygodiifolia*
生长形态：茎块状，叶丛生
野外生长环境：低海拔山区阔叶林下
日照需求：半日照至阴
土壤条件：松软、保水力强的腐殖土

观音座莲

【栽培与养护】

观音座莲的叶片细致，但也相当长，有时可达一米。在野外看到它时，可能不会有将其种成家中盆栽的念头。当然，这样大型的蕨类也是从小苗开始种植，带着几片小叶的新株就可移入盆中。它的叶基部具有托叶，叶脱落之后，托叶就会木质化，一个个聚集成越来越大的"莲座"，似有观音座莲的样子。它相当耐阴，但向光性也极为明显，要转动方向，否则会出现叶片斜向生长的问题。

自野外移植小株上盆，3个月后已发出3片叶。莲座上的凹洞极易积土，日久可能使基座腐朽或着生杂草、青苔，可用喷雾器清理，既保持美观也让植株健康。（盆高6厘米）

【取材与繁殖】

郊野溪谷边很容易发现它的踪迹，尽量寻找路旁坡地上的小型植株才适合家中栽植。采集时先将老叶片全部剪除，植入盆中后，萌出的新叶就会更小。

夏季叶片若遭烈日灼伤，可将叶片剪除后置于阴凉处，几周内新芽又会长出。趁机用牙刷将莲座好好刷洗，除去污垢后会更加美观。

（石高5厘米）

莱氏线蕨

【栽培与养护】

水龙骨科的蕨类，都以匍匐状的根茎紧贴在地表、岩石或树干上生长，模拟它们生长的环境与生长方式，也就能顺利栽培。平日多喷水雾，营造潮湿的环境，摆置在略有阳光的窗台，无须施肥，就能让它欣欣向荣。

【取材与繁殖】

取一段根茎，以附石栽培方式，很容易就能发出新叶。偶尔也能在溪流边发现附着在小石上的植株，直接捡拾回家照顾更是自然天成。

附石栽培5年。先在石上找寻一处凹槽，植上一株蕨后静待发展，在等待期间可在石下置一浅水盘，并经常喷以水雾，有新根茎发出时，用橡皮筋将其束缚在石上。用橡皮筋固定根茎不会造成伤害，当橡皮筋开始失去了弹性，新长出的根茎应已发根附石了，如此反复好几次就能有像样的作品。（石高8厘米）

科别：水龙骨科

学名：*Colysis wrightii*

生长形态：根茎匍匐于地表或岩石上

野外生长环境：海拔1000米以下的溪畔及潮湿处

日照需求：半日照至阴

土壤条件：适合附石栽培，或植于松软的腐殖土

傅氏凤尾蕨

【栽培与养护】

大多数蕨类要在阴湿处才能生长得好，但傅氏凤尾蕨却在大太阳下甘之如饴，即使地表已晒得干硬也无妨。它能把自己照顾好也是有理由的，先长出的叶，叶片厚实，叶梗坚挺，形成天生的大伞，后长出的叶就有了屏障，它们就会长得又嫩又密，直至后来的叶也能适应外面环境时，老叶才功成身退地凋零。在家中培育时，务必要顺着它们的习性，若嫌弃某些老叶遮蔽了视线急着剪除，那么新芽就不能长得好，要等待时机成熟了才能剪老叶。

【取材与繁殖】

野外采集小丛植株，以减少破坏环境，也较易成活。日后可自行把已有的成株作分株来繁殖。

傅氏凤尾蕨在烈日、干旱、坚硬的土质下，仍能长得青翠茂密，若移入冷凉潮湿的环境，反而生长不良。由于横向生长能力强，很容易就长得茂密。（盆高6厘米）

科别：凤尾蕨科

学名：*Pteris fauriei*

生长形态：横走状短根茎，叶丛生

野外生长环境：海滨向阳潮湿的岩石、低海拔山区林缘

日照需求：全日照，但也能耐阴一段时日

土壤条件：排水良好的砂质土

田字草

【栽培与养护】

乍看之下像的四叶酢浆草，其实并不相干。田字草生长于泥泞地，早期是普遍可见的水田杂草，水位低时茎短，水位高时茎会随之伸长，若不把它当成水生植物，植于盆中，只要保持盆土湿润，也能适应，而且茎节会缩短，还会有大量分枝发生，叶片也会更小。栽培上没什么技巧，肥沃的黏质土就能提供好几年的生长养分，终年不断有新芽产生，也会不时有老化的茎叶萎凋，要随时摘除枯黄叶片，才能维持整盆绿油油的感觉，若不理它当然也不会有影响，只是变黑的残叶混杂其间会影响美观。

科别：田字草科

学名：*Marsilea minuta*

生长形态：根茎长匍匐状

野外生长环境：平原湿地、沼泽、水田等静水域

日照需求：半日照至全日照

土壤条件：黏质土

【取材与繁殖】

目前园艺上已广泛栽培，可购买或野外采集、分株方式取得幼苗。

日照充足是茎叶翠绿结实的要件；刻意搭配白盆使整体更具有清凉感。（盆高6厘米）

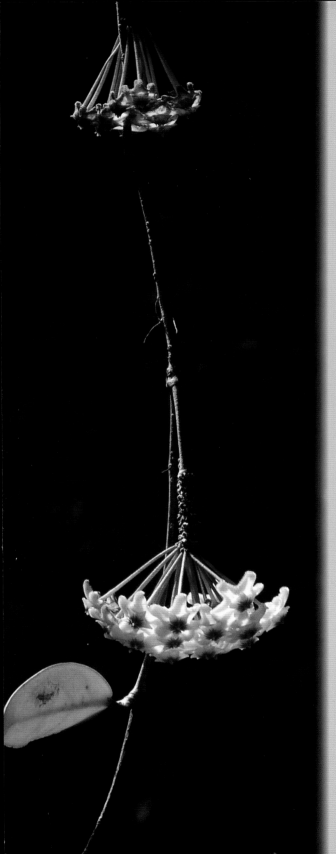

爬藤植物

    藤类植物外形多变，少有直立生长，运用其卷曲、纠结、缠绕的特性，可以创造出独特有趣的作品。例如运用它攀爬的能力，培育出附石形式；或使其失去附着对象，横伸成悬崖树型；或保留自然扭曲转折的枝干，塑成奇特树姿。爬藤植物往前伸展的能力远大于使枝干变粗变壮的能力。栽培时要谨记它是"藤"，想育成大树般的风姿，非得耗费很多的时间不可。

    大多数爬藤植物都能以扦插方式繁殖，取材上还算容易。家中除非有足够空间任其发展，否则无法让它展现原始风貌的，仅能利用它生长的特性，在盆钵上展现出截然不同的风采。

科别：菝葜科
学名：*Smilax china*
生长形态：蔓性灌木
野外生长环境：平地至低海拔山区的林缘或灌木丛
日照需求：半日照至全日照
土壤条件：排水良好即可
开花期：春季

菝葜

【栽培与养护】

　　菝葜从外表来看绝非好惹，长长的枝条上有尖锐的钩刺，老茎也相当坚硬，地下的块茎呈不规则的条块状，也有不少的尖端突出，要抓起时得小心避开突起处。菝葜适合培养在较宽阔的盆中，虽然细根不多，不会在短时间就占满盆中空间，但空间小就会出现生长停滞的情况。菝葜不易分枝，必须在枝条成熟颜色变深时剪短，促使块茎再长出新芽，让外形渐渐达到饱满。另外，在春季将有缺损或颜色变深的老旧叶片全部剪除，再萌出的新叶就会有如上腊般的光泽，像换了新衣一般。

【取材与繁殖】

　　可将较大的块茎，分割成适当的大小植入盆钵，在新芽冒出之前，盆土只要保持微湿就可以。由于自备的水库——块茎相当耐旱，若水分过多或植土太过黏重，块茎会腐坏或叶片变大、变薄而失去光彩。

取块根植入盆内，第一年就发出了细致的新枝条。（盆高2厘米）

修剪后，由原本的两枝条变成4枝条，在第二年已经有更可观的枝叶形态。

黄鳝藤

【栽培与养护】

　　叶型极小，嫩绿色，枝条纤细，略带红色，有细毛，夏季开小白花，这样的组合绝对是惹人爱怜的。黄鳝藤在野外生长良好，但盆中栽培却不太容易。它怕冷，喜欢潮湿却不积水的环境。粗根不发达，不易站稳，细根虽多，但支撑力略显不足，而且短时间内就会占满盆中空间，必须经常换盆，如此麻烦的植物该怎么办呢？找个多孔性吸水力好的石块，将它种植于较高的凹洞中，再将石块置于浅水盘，就可克服根系较弱的问题了。

【取材与繁殖】

　　扦插或采集小苗种植；播种亦可，但因种子成熟后很快就掉落而不易采得。

压条取得苗木后，培育了两年。（石高2厘米）

科别：鼠李科
学名：*Berchemia formosana*
生长形态：常绿攀缘灌木
野外生长环境：山地路旁和灌木林缘
日照需求：半日照
土壤条件：黏质壤土
开花期：夏季

将扦插繁殖的两株苗木合植于盆中两年。合植不见得都要选用直立型的植株，有歪有斜有弯曲的，合并之后互补所缺反成了较完美的组合。（盆高2厘米）

络石

【栽培与养护】

络石在郊野很常见，有时单独一株竟也能爬满整整一大块石面。只是它的枝干不容易变粗，在盆中培养时，要不时剪短伸出的枝条，抑制它们往前的冲力，如此较有可能育成扎实的树形。当叶片枝条相互堆叠时，就要梳理或修剪，若不去理它，下方会出现仅有枝条而没有叶片的空洞。

【取材与繁殖】

用扦插法可轻易繁殖。另外，在花市很容易购得不同颜色的园艺品种，皆能扦插繁殖。络石生长缓慢，但只要有耐心，必能欣赏到造型特别又具有清香的白花，是值得栽培的树种。

扦插栽培10年，自第三年起就有花可赏。将藤本植物栽培成悬崖树型是顺理成章的，但要特别注意别让枝桠叶片触地，否则夏日的高温容易造成灼伤。（左右宽50厘米）

科别：夹竹桃科
学名：*Trachelospermum jasminoides*
生长形态：常绿木质藤本
野外生长环境：低海拔山野，常攀附在树干或岩石上
日照需求：半日照至全日照
开花期：春

络石有很多园艺品种，将不同颜色的共植一盆，色彩的丰富变化也颇有趣。（植株左右宽32厘米）

在生长过程中，这段枝条曾缠住栏杆，将身体扭曲成这般，特别取这段来扦插，自然曲线浑然天成。由于根并不发达，特地选用麦饭石所制的盆钵种植，以增加下方重量，使植株不易摇晃，也增加了些许野趣。（石高5厘米）

薜荔

【栽培与养护】

薜荔的攀爬能力惊人，连玻璃窗都可附着而上，石壁、墙面都是它一展身手的地方。它耐阴、耐热、耐旱，植入盆中后，适应不良的原因多是过湿或环境实在太阴暗。由于是藤本植物，往前伸长是本性，盆中栽培时需控制长度，剪除过长的部分，促使发出侧芽往横向生长。若放任不管，长长的枝条接触到任何物体都可能发出根须牢牢抓住，不但可能造成破坏，日后要修剪、移盆也都很麻烦。

【取材与繁殖】

采用扦插繁殖。只要剪取枝梢尾端一小截即可成活，千万不要贪心由一大枝的中央部位剪取粗枝，否则可能造成后方一大片枯干。

扦插后，盆中栽培已8年，经常的修剪让原本爬藤的外形消失，像一株小树。（盆高2厘米）

反复修剪枝叶，利用每次换盆时再将根部往上提升一些，几年后露根树形就能出现。（盆高3厘米）

盆中栽培3年，利用巧手将长枝条盘绕成各种线条，也颇有趣。（盆高5厘米）

科别：桑科

学名：*Ficus pumila* var. *pumila*

生长形态：常绿攀缘灌木

野外生长环境：平地至低海拔山区，人工栽植亦极广泛

日照需求：半日照至全日照

土壤条件：黏质壤土

马鞍藤

【栽培与养护】

海滨沙地上最强势的植物非马鞍藤莫属。它是最优良的固沙植物之一，新生出的蔓茎，略木质化后就立即长出根来，根有时还可深入沙中数尺，新根一着土，立刻再生长新茎，如此不断地扩大地盘，也不断地在荒凉贫瘠的沙地上绽放淡紫色的大花。要种活它并不难，但也许盆钵实在不够它伸展，家中栽培时往往有叶片不够茂盛、花朵偶尔才开的遗憾。

【取材与繁殖】

可剪取带根的一小截走茎，顺道装一小袋沙，回家后在钵底铺层粗石后植入，记得要摆放在日照充足的地方才能顺利生长。

取带根的一截走茎繁殖后，在盆中培育已两年。栽培过程中任其生长，等茎条变粗之后再剪短，这样再发出的芽就容易长出花苞。

（盆高6厘米）

科别：旋花科

学名：*Ipomoea pes-caprae subsp. brasiliensis*

生长形态：多年生蔓性草本

野外生长环境：多见于滨海地区砂岸

日照需求：强日照

土壤条件：砂质土

开花期：日照充足、温度高时几乎全年开花

山葡萄

【栽培与养护】

山葡萄在野外是随处可见的植物，因是木质藤本，所见树形千奇百怪，由它依附什么攀爬而定。它的根基部会膨胀生长，树皮粗糙，栽培几年后也会龟裂，看来颇具老态。由于生长迅速，须经常修剪过长部分，促进多生侧芽，侧芽也较快变粗。正因如此，盆栽中的山葡萄就不易见到开花结果。如果顺其自然，将它种成自然的悬垂树形，就能减少修剪，也有机会见到花果了。

【取材与繁殖】

山葡萄扦插极为容易，粗大枝条也能发根。野外采集可在秋季进行，此时自然落果萌发的小苗极多，只要在较大植株附近的地面寻找，定有所获。

以露根栽培的方式育成悬崖树形，正好符合它的生长习性，既自然又容易栽培。（盆高5厘米）

科别：葡萄科

学名：*Ampelopsis brevipedunculata* var. *hancei*

生长形态：落叶藤本

野外生长环境：平地及低海拔山区

日照需求：半日照至全日照

土壤条件：肥沃的腐殖土

藤本植物原本就不易直立生长，所以培育山葡萄时也须配合它的个性，养成斜干或悬崖树形才显得自然。（盆高4厘米）

科别：芸香科
学名：*Zanthoxylum nitidum*
生长形态：常绿攀缘性灌木
野外生长环境：低海拔山区、海滨
日照需求：全日照至半日照
土壤条件：砂质壤土
开花期：春季

扦插繁殖后，盆中培育两年。枝端叶片虽被毛虫啃食，但几周后还能再发出新芽。（盆高4厘米）

双面刺

【栽培与养护】

双面刺的外形令人生畏，全身长满了刺，竟连叶面、叶背也一样，俗称"鸟不踏"还真是贴切。虽有不少刺，但翠绿的叶色，尤其新发的红色嫩芽，闪闪发光，春季枝头也会开出橘红色的小花。把它植在宅中据说还能避邪，这样的植物总是值得培养吧！原本的叶片并不小，但经几次修剪以后，会变得小巧精致，在野外它常攀爬林木或匍匐地面，植入盆中后就会挺立成小灌木一般。双面刺喜欢略干燥的环境，是很容易培养的植物。

【取材与繁殖】

双面刺在野外算是常见的植物，剪下枝条用扦插方式就可繁殖。扦插前可把枝条上的锐刺去除，才能方便日后除草、修剪。

经过大雨的冲刷，就见整株只余这一小截根吊挂在山壁上，将它抢救回家后养了一年，已恢复生长，再过一年叶簇间应该就会出现可爱的小花了。（全株上下35厘米）

洋落葵

【栽培与养护】

俗称"川七"的洋落葵，虽是外来植物，因叶片可食用，农村栽培后现已成了极强势的植物，几乎到处可见。它的老茎很容易长出奇形怪状的零余子，用手将这些零余子掰下，伤口朝下，放入盆中把土填好即可栽培。平日别浇水过多，半干旱状态才不会恢复藤蔓乱长的原样，可把长得过长的茎剪除，这些零余子就能欣赏很长的一段时间。配盆时，只要能装得下零余子即可。过长的蔓茎要修剪去除，才易维持外形的特色。

【取材与繁殖】

掰下老茎上的零余子，植入土中繁殖，但须注意生长方向，不要上下错置了。

科别：落葵科
学名：*Anredera cordifolia*
生长形态：多年生肉质藤本
野外生长环境：村落住家附近、荒地随处可见
日照需求：半日照
土壤条件：不拘

不同形状的零余子半露出盆面，搭配零星长出的小叶，也颇有趣。（盆高2.5厘米 ）

扦插后6年的成果。它的枝条天生就是向下伸展，想要种成直立型反而比悬崖型难多了。（盆高4厘米）

越橘叶蔓榕

【栽培与养护】

在野外见到时，很难将越橘叶蔓榕看成是"树"。它们多匍匐在地面、岩面，即使粗如指头般，也少见直立的，但在盆栽时，却可培育成各种形态的"树"。它们叶形极小，分枝多，枝条自然向下生长，树皮深褐色且粗糙，小小体形就能有老树的感觉，也适合做成附石的模样，不但符合自然天性，也能避免盆土过湿的困扰。

平日修剪时，尽量保留横向与直立生长的枝条，同时剪除朝正下方生长的枝条，短时间内就能有不错的树势，切记不用施肥。一旦养分充足，叶片会增大许多，枝条也会变得松散，造型就不够紧凑结实了。由于耐旱能力极强，平日不要给予太多水分，植土如果一直保持潮湿，叶片会长大数倍，也会失去原有的光泽。

【取材与繁殖】

采用扦插繁殖，剪下一段带有根系的枝条回家栽培就行了。

科别：桑科
学名：*Ficus vaccinioides*
生长形态：常绿藤本
野外生长环境：海滨至中海拔开阔地、河床及林缘
日照需求：全日照
土壤条件：排水良好的砂质土

木本植物

　　木本植物包括了细致的小灌木、优雅的小乔木、挺拔的大乔木，样貌虽多却都能一一被安置在盆钵中。它们的寿命往往比栽培者长，如果照顾得好，甚至能传承好几代。

　　栽培木本植物需要更多的耐心与付出，某些种类需要近10年才能开花结果，二三十年才能出现树皮龟裂的老态。它们没有所谓的最终造型，在栽培的过程中，每一年都有枝干变粗、枝桠更茂密、根盘更虬结、叶片更细致的变化，这些点点滴滴的进步，是栽培者最大的享受。面对这些生长缓慢的植物，尽量不要以施肥来求得加速成长，否则流失了自然风味，仅得到松散肥润的枝条，失去了盆景的气质。成熟的木本盆栽，散发着内敛沉稳的风韵，这是草本植物所无法孕育出来的。

金丝桃的枝条柔软，除主干可能直立生长外，其他枝条都会向外倾斜，需注意调整枝条位置，不要任其自由发展，相互堆叠一起时，下方的枝条就会落叶枯干。（盆高5厘米）

金丝桃

【栽培与养护】

金丝桃性喜温暖潮湿，在台湾中、南部低至中海拔山区的溪谷边蛮常见。由于常在看来干燥的石缝中看见枝叶繁茂的植株，人们常误以为它耐旱，事实上金丝桃的根极为深入潮湿的岩层。它的萌芽力强，若不将过长的徒长枝剪除，树型就会杂乱无章。金丝桃虽然喜爱较湿的环境，但若无端落叶则表示盆土过湿了，可能根部已受损，需立即更换盆土或控制水分。

【取材与繁殖】

扦插繁殖，使用老枝、粗枝也可成活。盆中栽培一段时间后，可以再分株，直接将整丛植株剪切分开种植，但切口需覆土避免曝晒。

科别：金丝桃科

学名：*Hypericum formosanum*

生长形态：常绿灌木

野外生长环境：湿润的溪边或半阴的山坡下

日照需求：全日照至半日照

土壤条件：湿润不积水即可

开花期：夏季

野牡丹

【栽培与养护】

野牡丹分布极广，花通常为紫红或粉红色，也有白色的。在未开花时，叶不出色，树势也不见得优雅，可能擦身而过也不会发觉它们的存在，但花朵一开可就不同了。新枝顶端开出体型不小、色彩鲜艳的花，而且每个枝端竟可长出四五个花苞来，次第开放，每朵花虽然寿命只有几天，但全株的赏花期几乎可达一个月。

春季新梢长出后，将顶芽去除，可分生较多侧枝，夏季的花朵也才会变多。野牡丹的细根极为发达，根系只要挤满盆钵就容易出现枯枝，顶多两年就需换盆、换土。

【取材与繁殖】

采集褐色蒴果，取出里头又多又细的种子播种。也可扦插繁殖，尽量选取已分叉的枝条，较可能培养出丰满的树形。

扦插后3年，由于枝条不易长得茂盛，不妨就欣赏简单的线条，让整盆呈现高雅素净的气质。（盆高7厘米）

科别：野牡丹科
学名：*Melastoma candidum*
生长形态：常绿小灌木
野外生长环境：平地至低海拔山区路旁
日照需求：全日照
土壤条件：砂质壤土
开花期：夏季

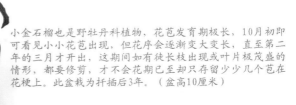

小金石榴也是野牡丹科植物，花苞发育期极长，10月初即可看见小小花苞出现，但花序会逐渐变大变长，直至第二年的三月才开出，这期间如有徒长枝出现或叶片极茂盛的情形，都要修剪，才不会花期已至却只存留少少几个苞在花梗上。此盆栽为扦插后3年。（盆高10厘米）

由于枝形容易散乱，在小盆中就显得相当拥挤，植入较大盆中可使此现象缓和一些。（盆宽12厘米）

科别：豆科
学名：*Desmodium caudatum*
生长形态：多年生落叶灌木
野外生长环境：平地至低海拔山坡、荒野地
日照需求：全日照
土壤条件：黏质壤土
开花期：夏至秋

小槐花

【栽培与养护】

小槐花又称"茉草"，在中国作为避邪用已有极长的历史。虽然野外所见都是一大丛，植于盆中也就是一小丛。它的骨干灰褐略粗糙，即使是小苗木看来也有古意，若注意修剪，也能育出一般盆栽的模样。初夏所开的花不怎么起眼，但随之结出长长的荚果悬吊于枝头，也相当有趣。它的根部极为发达，长久不换盆不是把自己顶出盆外，就是干脆把盆钵挤破，若以附石栽培应该是极佳的。

【取材与繁殖】

剪取有分叉的枝条或带有曲折的枝扦插，极容易成活。它生性强健，一年四季都可进行扦插。

附石栽培后3年，根已牢牢抓住石块了。
（盆高2厘米）

毛杜鹃

【栽培与养护】

毛杜鹃的叶片、植株都比一般杜鹃要大得多，不过一旦适应了盆中生活，就能缩小并且照常开花。它的花苞生长期颇长，12月就可看见小小的苞隐藏于叶簇间，所以入秋后就不要再为了树形而动剪整修，以免将花芽剪掉。它的结果率极高，但结果后往往使生长停滞，最好在花谢后就自花朵基部完全摘除，这样很快就会再萌生出数枝新芽，新芽成长后隔年也就有更多花朵。

【取材与繁殖】

扦插即可成功繁殖，剪下一小段枝条扦插即可。

花芽只出现在新枝顶端，要保留长枝，在开花后才修剪，才不会丧失一年一次的开花机会。（盆高4厘米）

毛杜鹃即使未开花，一片片翠绿毛茸茸的叶片看来也极为有趣。当年新生的叶片在夏末会逐渐变小变厚，同时转为深绿色。（植株左右16厘米）

科别：杜鹃科
学名：*Rhododendron oldhamii*
生长形态：落叶灌木
野外生长环境：海拔2500米以下山区
日照需求：半日照至全日照
土壤条件：保水力好，透气性佳的壤土
开花期：4～5月

桑树的根红褐色，外表粗糙，很能膨胀变粗，用来附石栽培，短短时间就能有苍劲老树的味道。此盆在扦插两年之后，再以附石方式栽培，至今已5年。（盆高4厘米）

小叶桑

【 栽培与养护 】

中国种桑养蚕已有数千年的历史，桑树在南方几乎随处可见，是很理想的中小型盆栽树种。叶片变化多端，同一棵树上，可见锯齿缘至深裂的叶形，枝细，分枝多，根部发达，适合栽培出各种树形，又能结出大量果实。唯一的缺点就是容易遭到虫害，叶片被啃食的几率相当高。春夏要特别注意叶片有无缺损，或巡视盆土表面有无粒状的排泄物，只需找出虫并杀之，无须喷药。

【 取材与繁殖 】

以扦插繁殖，成长极为迅速；播种栽培虽慢，但日后的根基部却较易粗壮美观。

扦插发根后，植于盆中3年。
（盆高3厘米）

科别：桑科
学名：*Morus australis*
生长形态：落叶小乔木
野外生长环境：平地至低海拔山区
日照需求：全日照
土壤条件：黏质壤土
结果期：3月至初夏

于老株的枝桠上压条取材后，植于盆中两年。选取已有分叉的枝条作压条较有意义，单枝的树形用扦插法就能取得。
（盆高3厘米）

170

以压条方式取得丛生的树形后，就植于小小盆中，至今虽已10年，却仍保持清爽的外形。（盆高2厘米）

科别：锦葵科

学名：*Hibiscus syriacus*

生长形态：落叶灌木至小乔木

野外生长环境：低海拔地区，乡间常植为绿篱

日照需求：全日照

土壤条件：不挑土质，但因根系不甚发达，容易摇晃倾倒，盆与土的重量要够。

开花期：秋至冬季

木槿

【栽培与养护】

木槿极容易栽培，枝条几乎呈直立状生长。幼苗期可放任生长，约两三年后再依想要的高度截断，就能萌生许多放射状的分枝，分枝多花也就相对增多。木槿的花芽着生于成熟硬化的当年枝叶腋下，每朵花寿命约2～3日，但花开花落可连续几个月，直至落叶才进入休眠期，它是值得观赏的盆栽品种。奇怪的是许多虫都喜欢以木槿树干为家。如果发现盆土上有细碎木屑时，要找出树身上的小洞，然后以水性杀虫剂朝洞内轻喷一下，再用一小团卫生纸将洞口塞住，否则其可能遭严重啃咬而枯死。

【取材与繁殖】

新枝、老枝皆可轻易扦插成活，若在开春之际，可剪下约小指粗细、线条有变化的一小段根扦插，就可得到造型有趣的作品。

火刺木

【栽培与养护】

火刺木又称"状元红"，在中国已有数千年的栽培历史。它那结满树梢的小果子变得鲜红欲滴时，正是昔日科举时期颁布状元的时候，因而有这么喜气的名字。花芽是在成熟的枝叶腋下分化萌生的，所以为了有较多的花、果可观，不要因造型而经常修剪，以免空长枝叶而不见花果。开花时也勿为了欣赏而长期置于室内，否则少了昆虫帮忙授粉，就结不出果子。

【取材与繁殖】

扦插、播种繁殖，或至大型植株下方寻找落果后自然长出的小苗种殖。利用压条也容易取得粗壮的新株。

科别：蔷薇科

学名：*Pyracantha koidzumii*

生长形态：常绿灌木

野外生长环境：常见的都是人工栽培

日照需求：全日照

土壤条件：养分足够的壤土

开花期：2月～4月

扦插后栽培8年、自第二年起就能开花。若要确保每朵花都能结出果实，不妨拿枝水彩笔或毛笔，轮流在每朵花间蘸一下，权充月下老人，报酬就是入秋后的鲜艳红果。（盆高4厘米）

枰木原本就不易直立生长，将它斜着种植对日后的照料反而方便。（盆高3厘米）

科别：茶科
学名：*Eurya emarginata*
生长形态：常绿灌木
野外生长环境：沿海地区海滨
日照需求：半日照至全日照
土壤条件：排水良好即可
开花期：春季

凹叶枰木

【栽培与养护】

枰木属植物分布极广，由海边至山区都能看到，但外形差异不大，叶片都是带有光泽的革质叶。许多盆栽人士统称这类植物为"碎米茶"，因为它们的白色花朵又多又密，短短枝条就能开出数十朵花。

枰木生性强健，极耐修剪，短时间就能整修出理想的树形。盆中积水是种植失败的主因，根若腐烂，上方叶片会逐渐脱落，此时要将烂根剪除，并将长枝剪短后重新种植于较好的环境，就能很快再萌芽复原。

【取材与繁殖】

种子成熟后采集并直接播种，扦插也可成活，但年轻枝条的成活率较高。

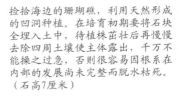

捡拾海边的珊瑚礁，利用天然形成的凹洞种植。在培育初期要将石块全埋入土中，待植株茁壮后再慢慢去除四周土壤使主体露出，千万不能操之过急，否则很容易因根系在内部的发展尚未完整而脱水枯死。（石高7厘米）

十大功劳

科别：小檗科
学名：*Mahonia japonica*
生长形态：常绿灌木
野外生长环境：低海拔山区
日照需求：半日照至全日照
土壤条件：一般壤土
开花期：4月～5月

【栽培照顾】

十大功劳生长缓慢，但这也适合懒于动剪的人。它十分耐旱，稍湿也可忍受，算是很好照料的植物，每年冬末在枝端有小球状的花苞聚集，一直到天气转暖后绽出鲜黄的小花朵，花后也有机会结出灰蓝色的小果。分枝性不强，花后可将长枝剪短，有可能长出3～4个小芽，但不见得能全部茁壮。在新芽发出后只保留两个位置较好的芽，能使芽长得快些。不过，修剪后再发出的芽，即使长成了枝，第二年开花的机会也不大，但再过一年就能开花了。种植它可要有耐心才行。

【取材与繁殖】

扦插可成活，但用压条方式能取得较粗壮的植株，也能缩短开花前的栽培期。播种也行，但要栽培到开花，时间很长，对于急性子的人来说实在太难熬了。

由于生长缓慢，扦插后在盆中培育6年也不曾换盆。约自第二年起就在枝端开花。（盆高8厘米）

石斑木

【栽培与养护】

石斑木对于土壤虽没什么特殊需求，但一定要排水良好。枝条以车轮枝状生长，若剪除侧枝留下中央直立枝，能较迅速变高变粗。但盆中栽培却要反其道而行，才能使之矮化茂密，也就是留下部分轮状枝，把中心部分的直枝剪除，如此经过几次修剪，就能得到较为丰满的树形与曲折的枝形。

【取材与繁殖】

可在夏季剪取当年生的枝条扦插于砂质壤土中，约两个月就能长出不少新根。老枝不易成活，播种亦可，但成长缓慢。

与右图相同的一棵，一年后由两枝变为4枝，花朵数量也就倍增了。（盆高4厘米）

科别：蔷薇科

学名：*Rhaphiolepis indica* var. *tashiroi*

生长形态：常绿灌木

野外生长环境：东南沿海低海拔地区

日照需求：强日照生长较佳，但也相当耐阴

土壤条件：不拘，贫瘠土壤也可生长良好

开花期：4月～6月

扦插繁殖后2年。（盆高3厘米）

森氏红淡比

【栽培与养护】

其为山区常见的小乔木，革质叶带着光泽。以往住在山区的人喜欢用它的枝干作为工具的手柄，坚韧耐用，由此也可见它不适合用金属丝整姿，要以修剪的方式来造型才好。因生长缓慢，用来培育成小型盆栽相当理想。它生性强健，耐旱也耐湿，在小盆中五六年不换盆也没什么不适。每年可在春末及秋初将叶片剪除，促使分生小枝，也可让稍大的叶片变小，在小盆中看来更协调。红淡比枝干密度大，叶厚，上方重量相当大，松松的植土无法使它稳立盆中，配土时要特别注意。

【取材与繁殖】

山区路旁自生的小苗极多，可捡取栽植，或剪下已分叉的细枝扦插，一发根就已有基本形态。

科别：茶科
学名：*Cleyera japonica* var. *morii*
生长形态：常绿小乔木
野外生长环境：山坡、沟谷、林中、林缘、溪边
日照需求：全日照
土壤条件：需质稍重的土壤

原本是小乔木体形的植物，也可以通过植入小钵，再加上适度的修剪培育出"形小相大"的气势。此盆栽扦插后8年，个子虽小却苍劲十足。（盆高3厘米）

栽培3年。将小苗塞进石缝中，直接种入盆内，因石头的重量，即使在浅浅的小盆内，仍然稳重不倾倒。（盆高1.5厘米）

灯称花

【栽培与养护】

灯称花是极为普遍的植物，叶小，枝细，既会开花又能结果。但在盆栽作品中却极少见到它的身影，原因在于它的习性极为古怪，完全无法接受金属丝缠身这件事。枝条只要绕上了金属丝，很快就会干枯，因此传统的盆栽整形技法在它身上全无施展之力。

其实灯称花的横向生长力极佳，只要适当修剪，稍费时日也能成为优良作品。每年入秋后稍给予氮肥，则来年萌生的新枝就会更多，初春时每片叶腋下都会有铃铛般的小花大量挂着，开花期间摆在户外的时间可较长一些，日照充足才有机会结果。

【取材与繁殖】

播种或采集幼株繁殖，扦插成活率不高，采用压条法则可成功取得新植株。

科别：冬青科
学名：*Ilex asprella*
生长形态：落叶小灌木
野外生长环境：低海拔地区山坡草丛、路旁及次生林绿野径旁等环境
日照需求：半日照
土壤条件：略潮湿的壤土
开花期：3月

盆钵不一定就是栽培的最佳选择。此植株横生的枝条与贝壳上横生的小刺相呼应，效果肯定比光滑的盆好。（全株左右长19厘米）

利用两次换盆的时机，让原本就横生的枝条慢慢
倾斜，露出根系，并使主干呈水平状，就成了这
种迎宾树形。（盆高5厘米）

水麻

【栽培与养护】

登山踏青总是很容易看到水麻，尤其是夏季能看到长长枝条挂满密密麻麻橘红色的小果子，更是令人兴奋。它普遍分布在山野中湿度高、水分充足处，即使生长在石缝间，那石壁也是潮湿的。

人为培育并不容易，但抓住了要领就能培养出不错的盆栽。用保水力强的培养土，混入部分剪碎的水苔，加强植土的保水力，同时也使土质较松软不易积水。虽然需要日照，但必须避开正午的烈日，平日摆于阴凉处，偶有阳光照射到即可。水麻对恶劣环境的对抗方式，就是短时间内掉光所有叶片，此时可别把它们放弃了，经常在枝干上喷水雾以补充水分，叶子很快就会长出。

【取材与繁殖】

播种或采集墙角石缝中枝干伸展有趣的植株，也可选取枝条略有曲折的部分进行扦插。

同科的密花苎麻也十分常见，栽培上极容易，无需特别修剪，就能自然形成横阔的树形。（盆高5厘米）

科别：荨麻科

学名：*Debregeasia orientalis*

生长形态：常绿灌木至小乔木

野外生长环境：普遍分布于低至高海拔潮湿处

日照需求：半日照

土壤条件：湿润的腐殖土

开花期：春、夏

水麻木质疏松，细密的根适合附着于多孔性的礁岩上，只需下衬水盘，就能欣欣向荣。（左右长14厘米）

青枫

【栽培与养护】

青枫是盆栽植物中，最容易培育出各种树形的种类。它生长迅速，分枝性也强，从小品至大型盆栽都能愉快胜任。切除新生嫩芽，渐进的矮化处理就能使之枝桠细致、叶形小巧。夏末记得施予薄薄的氮肥，天冷落叶前才能有火红的叶色。梅雨季节时因长期湿润，若盆土排水不良加上通风不足，常会染上白粉病而使树势衰弱，喷洒大生粉后移至通风处即可痊愈。

【取材与繁殖】

扦插、播种、压条均可。事实上在大树附近就可拾取相当多的自生小苗。

科别：槭树科
学名：*Acer serrulatus*
生长形态：落叶中、大乔木
野外生长环境：平地至中、低海拔林中
日照需求：半日照至全日照
土壤条件：略潮湿的壤土

种子直播于浅盆中两年后，根系已相互纠结，将之整片移入这石盆中，又过了6年，其间也曾数次除去位置不良及生长较弱的植株。图中植株正逢春发出嫩红新叶。（盆宽37厘米）

若只留主干剪去侧枝，
让树势自然向上窜升，
就会有文人树形的气
氛。（盆高1厘米）

剪去主干后，较能创造出自低处分
枝的树形。（盆宽25厘米）

枫香的主根、侧根都相当发达，利用此特性来培育附石树形极为适合，但要选择质地坚硬的石材，才不致被根系挤压而破裂。（盆高1.5厘米）

枫香

【栽培与养护】

幼苗时期通常直立生长，分枝不多，需常以修剪的方式促进小枝增生。枫香直根极为发达，可在小苗时期剪除，培养出适合的侧根，日后才能栽植于较常使用的浅型盆钵。由于根系发展相当迅速，约二三年就需换盆，以免因根坏死造成上方枝条干枯。枫香是相当需要水分的大型树种，体内含水量极高，换盆整理根系时，不妨将整理过的植株在阴凉处放几个小时，待切口干后再入盆，避免感染导致烂根。

【取材与繁殖】

可用播种或压条繁殖，扦插法成功率不高，在大树四周也有为数不少的自生小苗。

科别：金缕梅科
学名：*Liquidambar formosana*
生长形态：落叶大乔木
野外生长环境：平地至中、低海拔地区
日照需求：全日照至半日照
土壤条件：略潮湿的壤土

双干树形多是以压条方法取得的，此株大约已栽培5年。（盆高1.5厘米）

有时树干上的伤痕不见得就是缺点。原本干下方的粗枝被天牛啃了外皮而干枯，剪除后经过几年的自然腐朽，竟像肚脐似的，颇有趣。（盆高2厘米）

3年前随兴将刚萌芽的小苗塞入石缝中，长大后竟然也把缝隙填满了，树龄虽小，却颇有古意。（盆高4厘米）

流苏树

【栽培与养护】

　　流苏在野外的族群相当稀少，近年来反倒是人工培育多，并逐渐普及于公园或作为行道树。它纯白的大型花序在枝梢绽放时，几乎遮盖了绿叶，使得全株看起来像把大白伞。流苏的生长中规中矩，不易发生树形杂乱的情形，偶有枝条过长也不要在春季修剪，否则剪过的枝条就不会有花可赏。最好在一落叶时就把外形修剪一番，来春就会有可观的花姿。因根部相当发达强健，颇适合育成附石或露根树形。

【取材与繁殖】

　　扦插或压条繁殖。春秋两季都会开花，所以夏冬两季也都能找到种子，采集后直接播下，不需冷藏处理。

科别：木犀科
学名：*Chionanthus retusus*
生长形态：落叶灌木或小乔木
野外生长环境：低海拔山区
日照需求：全日照
土壤条件：黏质壤土
开花期：春季（秋季也会少量开花）

此株扦插后已10多年，在此盆中也养了4年，虽未换盆换土，仍能开出这么多的花。（盆高4厘米）

此盆个子虽不大，但自扦插后也有30多年，苍劲的外形是长期仔细修剪的成果。栽培没什么技巧，只要有耐心就足够了。（盆高1.5厘米）

科别：马鞭草科

学名：*Premna microphylla*

生长形态：落叶小乔木

野外生长环境：东部及北部森林中

日照需求：全日照

土壤条件：砂质壤土

开花期：5月～6月

仅6厘米的树高，却能散发出老树的风韵，这是经常摘芽，抑止树势往上窜升的成绩。盆中栽培已15年。（盆高1厘米）

臭黄荆

【栽培与养护】

臭黄荆因有股特殊而强烈的气味，故别称"麝香枫"，或许就是这强烈的味道，使得它几乎是百虫不侵，甚少有病虫害发生。它的分枝性强，横扩性佳，而且极能忍受重度修剪，很容易就可修剪成理想的树形。不过，它的根部却不甚强健，只要积水或透气不良立即会落叶，环境温度稍有较大变化也会落叶。一年中大约有四五个月是在无叶状态，但可别以为它们枯死了，静待一两星期叶子就会长出来。

【取材与繁殖】

扦插繁殖、采集小苗木种植。野生小苗根系极长，采集时可先将长根剪除，除了利于携带，以后的种植也较方便。

榔榆

【栽培与养护】

榆树既耐旱又耐湿，强烈日照或光照不良都无法影响它的旺盛生机，从行道树至掌中把玩的小盆栽，都能愉快胜任。它枝条柔软易于造型，枝叶茂盛能修剪成各种形状。但一般人却不易将它们栽培成理想的盆栽，原因多出在修剪的功夫上。

榆树的枝条常向侧方生长，稍长的枝就因重量增加而下垂，长时间不修剪就会散乱，且因枝叶相叠，造成中央部位不见叶片，只有枝端寥寥几枚叶片，一副无精打采的样子。必须将外围过长的枝剪短，才能改善通风与日照。另一方面，有些人却因它生长快速而太常修剪，但未发育完全的枝条，一旦受了伤，就容易造成枯枝。

【取材与繁殖】

播种、扦插、根插都能成功繁殖。根插的效果不错，选用自然转折扭曲的根，可培养出难以想象的各种树形。

将50厘米高的植株切短至3厘米，保留了新萌出的左右各一个芽，不断经过修整剪枝，培养10年后，就有这样的粗壮体型。（盆高1厘米）

科别：榆科

学名：*Ulmus parvifolia*

生长形态：落叶乔木

野外生长环境：平地及低海拔山区

日照需求：半日照至全日照

土壤条件：砂质壤土

合植成林的榔榆，经过6个月的生长，已变得茂密，将较靠近土面的细小侧枝剪除，使树干线条清晰可见，就更有森林的感觉。

从当初合植小苗起至今已有20多年的岁月，期间也换过两次盆。盆壁略有高度才能使根系紧密地纠结，待这些根系合成一体时，再整片移入极浅的成品盆中，就不会有松散倾倒之虞。（石盆长度45厘米）

木麻黄

【栽培与养护】

木麻黄是很普遍的海岸防风树种，喜欢排水、透气都优良的砂质土，虽然耐旱，但也不能让盆土完全干透。其绿色的细枝条上多节，容易拔开，每个节上有已经退化的细齿状叶，形成淡颜色的环节。

它的骨干坚挺直立，但侧枝细枝却易伸长而下垂，利用这特性可使其平面发展成宽的枝桠。修剪较粗的枝桠，当然得用剪刀，但细长的绿色小枝条，以手捏除时，细枝的节间会自然脱开不留任何痕迹，用剪则会在尖端造成焦枯难看的伤痕。将太长的细枝变短，能促使新芽在枝条的其他部位萌发，经常去除长枝能使原本松散的树姿变得紧密，也更为饱满。

科别：木麻黄科

学名：*Casuarina equisetifolia*

生长形态：常绿乔木

野外生长环境：滨海地区的防风林

日照需求：全日照

土壤条件：砂质土

【取材与繁殖】

种子在海滨很容易捡到，把球果里的细小种子敲出就能播于盆中，由于发芽率不高，可多播一些，扦插也极易成活。

扦插时，斜插为宜，日后当然也就长成这种不常见的树形。此盆扦插后栽培6年。（盆高1厘米）

斜树干的不安定感觉，反而让人有遐想的空间。培育斜干树形绝非把笔直的植株斜种，而是选择根有偏向生长，或枝条左右生长不均衡的植株。因势利导不但容易，看来也较自然。这棵白鸡油也是用了约10年的时间，利用两三次换盆，慢慢下倾所得来的成果。（盆高3厘米）

白鸡油

【栽培与养护】

白鸡油又称"光腊树"，油亮的羽状复叶就像上了一层腊般，是很容易整理的树种。把枝条剪短后就能分生出两个新枝，再从这分枝选择预备生长的方向，即保留所需的枝而剪除另一枝，修剪几次后就能培育出理想的树形。它需要足够日照，光线不足时叶片会变大而与植株不成比例，若有此情形，要将叶片剪除再移至阳光下，再萌生出的叶就可恢复正常。因根系相当发达，很快就会使盆钵变得拥挤，但不可因懒得换盆一开始就植入大盆，它照样会很快地把大盆充满，整个外形也将放大好几倍，不再有可爱的模样。

【取材与繁殖】

用扦插法很容易取得新苗，手指粗的枝也能扦插成功，但建议由细枝培养起。以粗枝扦插得来的植株，不易有优雅的树形。

乔木通常是一柱擎天的树形，少见从极低处就分枝。图中这株是由树龄约10年的母株上，用压条方法取得，至今也栽培5年了，那么它该算是5岁还是15岁呢？（盆高1.5厘米）

科别：木犀科

学名：*Fraxinus griffithii*

生长形态：半落叶乔木

野外生长环境：低海拔山区、溪岸

日照需求：全日照

土壤条件：肥沃壤土

刺裸实有横向生长的特性，无需强求直立，顺着枝条修剪就好，把太长的枝剪短，日后也会有不错的外形。此株扦插后已栽培5年，每年都有不错的结果率。（盆高5厘米）

刺裸实

【栽培照顾】

刺裸实又称"北仲"，个头不大，也常呈悬垂状生长，花、果虽多，但也因体形小，得相当靠近才能察觉它的美。极小的白花常躲在叶片下方，花后会结出鲜红色的心形果，成熟后裂开，露出闪亮的黑色种子。有时一株植物还同时露出了花、果、种子，是非常适合小型盆栽的树种。因分枝性不好，幼苗时期可多次修剪促其多生侧枝，日后才有饱满的树形，虽耐旱但不耐阴，几天不浇水可能挺得住，但一星期都在室内就会落叶，平日在阳台栽培时，要记得找个有日照的位置摆放。

【取材与繁殖】

扦插、播种繁殖。老枝扦插也能成活，播种则旷日费时，建议剪取较粗的老枝扦插，可节省不少培育时间。

科别：卫矛科
学名：*Maytenus diversifolia*
生长形态：常绿灌木
野外生长环境：滨海地区
日照需求：全日照
土壤条件：透气性佳的砂质土
开花期：5月～10月

播种后3年，已能开出大量的小白花，花期约两三星期。（盆高4厘米）

黄杉

【栽培与养护】

黄杉树形高大，但它的枝叶却细致得与干身不成比例，作为盆中栽培物，不论大小都适合。整修大多不必用刀剪这类工具，用手指反而灵活。在春末将新梢的尾端用手指捏除，就会在枝的下方再萌出新芽，新芽萌出后，再将位置不理想的芽用手指去除，就可不着痕迹地使之自然矮化、细密，全然看不出曾做过了整姿。

【取材与繁殖】

可采种子来播，扦插也可成活，这在松科植物中是相当少见的。如能取得枝条，建议使用扦插法来培育苗木。

科别：松科
学名：*Pseudotsuga wilsoniana*
生长形态：常绿大乔木
野外生长环境：中低海拔的阔叶林内
日照需求：全日照
土壤条件：排水良好的壤土

挺拔的树形以浅盆较能表现出气势。此植株扦插培育至今已10年。（盆高3厘米）

栽培植物并非一定要遵守体形多大就植入多大的盆，所谓的盆景即盆中有景，以水泥为材料的盆钵，右方的一大片留白，增加了不少想象空间。这些小树苗是扦插后4年的成果。（盆长42厘米）

海桐

【栽培与养护】

海桐在滨海地区原本就常见，又因叶色亮丽，能开花且耐得住空气污染又耐旱，现在反倒成了大量培育的树种。栽培上没什么难处，只要阳光充足，盆土不积水，每年花后修剪一次，就能生长良好。根系乃横向发展，极适合种植于浅盆中。

【取材与繁殖】

播种或扦插繁殖。在大片的树荫下，也能找到小苗木，但因日照不足，少有能正常活下来的，入秋之后可寻觅这些苗木踪迹，到冬季就可能找不到了。

无意间发现了树上某个分差枝，一边的枝条长出全绿的叶片，另一边却是带着白色线条的斑叶，于是用压条法将它取下栽植盆中。（盆高1厘米）

科别：海桐科
学名：*Pittosporum tobira*
生长形态：常绿灌木
野外生长环境：海岸丛林
日照需求：全日照
土壤条件：砂质土
开花期：春季

同样以压条方式取得的多干新株，压条后上盆一年。（盆高3厘米）

野漆树

【 栽培与养护 】

野漆树的枝桠线条优雅，叶片也极为细致，春芽呈鲜嫩的红色，晚秋的叶则是火红色，论姿色可能还略胜枫、槭。小苗时期分枝极为不易，常修剪只会把它越剪越短越衰弱，不如任它生长至筷子般粗细，再拦腰剪断促其分枝。它的汁液带有毒性，皮肤较敏感的人无论如何都别去接触它。

【 取材与繁殖 】

播种的发芽率极高，而且种子大小颇有差异，因此一萌芽就已有高矮粗细不同的变化了。插枝也容易成活，但再提醒一次，皮肤敏感者千万别碰它。

此株已种15年，几年前刮台风时被飞落的瓦片打中了左半边，只余右半边，虽仍活了下来，但顶上的疤块也留了下来。（盆高4厘米）

科别：漆树科
学名：*Rhus sylvestris*
生长形态：落叶小乔木
野外生长环境：低海拔山区
日照需求：半日照至全日照
土壤条件：一般壤土

茄苳需植入较大的盆才有较好的生长状况，为让大盆不显得空洞，可用石块来填补空间，却没想到在不到3年的时间，它的根竟钻入石缝中，成了附石盆栽。（盆宽15厘米）

茄苳

【栽培与养护】

茄冬又名"重阳木"，枝粗叶大，并不适合在小盆钵中生长，在直径10厘米以上的盆钵中栽植才容易长得好。它的枝虽粗大，但含水量高而不结实，栽培时最好等枝条已呈茶褐色后，才修剪促发侧枝，否则剪后极易造成枯枝。平日需较多的水分，才能保持叶面完整光亮。细根发育相当快，约两年就得出盆，将过长的根系修剪之后再植回。其根因为含水多而软嫩，一有挤迫就会腐烂。

【取材与繁殖】

在大树下方往往有许多小苗萌生，可直接取之植于盆中，或在较低矮的枝头摘取种子繁殖。

科别：大戟科

学名：*Bischofia javanica*

生长形态：常绿大乔木

野外生长环境：平地至低海拔地区

日照需求：全日照

土壤条件：一般壤土

播种于盆中8年。茄冬的枝粗、叶大，含水量多，看来虽枝叶不多却颇有重量，选用厚重的盆钵才能安稳站立。（盆高4厘米）

朴树

【栽培与养护】

朴树叶小枝密，能提供足够的遮荫面积，冬季落叶时，又能让温暖的阳光透进来。它的萌芽力相当强，耐得住经常修剪，是最适合玩赏盆栽的人士用来练习的素材。偶尔会有一枝两枝突长的枝条冒出，发现了应立即剪除，否则会成为最粗最壮的一枝，破坏外形的均衡，也影响其他枝条的正常生长。每年入夏之后，可将叶片全部剪除，不久就会再萌发更小更密的叶片，以替换遭虫咬或烈日晒焦的老叶，就像换上新衣一般。

【取材与繁殖】

播种或扦插的成功率都极高；野生的小苗因直根极长，若要采集恐怕会造成地面有个大洞，而且拉扯的过程也容易造成脱皮而使其不易成活。

科别：榆科
学名：*Celtis sinensis*
生长形态：落叶乔木
野外生长环境：平地至低、中海拔山区
日照需求：全日照
土壤条件：砂质壤土

把小苗放入珊瑚礁的裂缝中种植了5年，两者就再也分不开了。附石栽培时若选用的石块较大，就不要放入勉强容身的小钵，这样几乎没有盛装植土的空间。为安全起见，应选择较大的盆钵。（盆高4厘米）

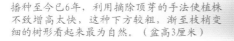

播种至今已6年，利用摘除顶芽的手法使植株不致增高太快，这种下方较粗，渐至枝梢变细的树形看起来最为自然。（盆高3厘米）

雀榕

【栽培与养护】

雀榕的生命力强韧，除了在空旷处能长得壮大外，若靠近其他树木或就生长在其他树上，也可能以发达的根系将邻居、寄主勒住；若萌发于墙边、屋瓦上，也可能将之破坏，但若将它驯服于小小盆钵中，却是乐事一件。盆中的雀榕枝叶不会太过繁茂，但叶形、叶色都极为优美，也不需太多的照顾，偶尔照自己的设计修剪一番即可。盆土保持稍干的状态，叶片会变小、变厚，看起来更可爱。

【取材与繁殖】

播种、扦插都容易繁殖，但建议在住家附近的墙缝、山壁的排水孔采集，如此也能保护墙面与边坡。

自墙角挖出后植入盆中两年。若一直置于小钵中培养，壮观的根基部就会更明显。（盆高3厘米）

科别：桑科

学名：*Ficus superba* var. *japonica*

生长形态：落叶大乔木

野外生长环境：平地至低海拔山区

日照需求：全日照

土壤条件：能适应任何土质

此曲折绵长的枝条，原来长在白千层松软的树
皮内。这该是小鸟播的种吧！将这奇形怪状的
小树取下，不仅救了白千层，还意外取得一株
悬崖型的野趣盆栽。（上下45厘米）

九芎

【栽培与养护】

九芎可算是相当强势的植物，花有些灰白，并不特别显眼，但枝干却能以各种造型引人注目。它很少笔直生长，往往自行扭曲、转折，但上方细枝仍然能正常生长。成株的外皮会脱落，呈现出光滑的内皮，像经过人工打磨一般。盆栽需保持盆土常湿，稍有过干就会落叶，补充水分后虽然仍能萌发新叶，但如此多发生几次，部分枝桠就会干枯。枝条有横向生长的倾向，利用这特性，将往上生长的长枝剪除，可塑造出云片状的枝形。

【取材与繁殖】

河谷、山道边，只要见着九芎大树，附近就会有小苗，取材容易。扦插成功率很高，即便是老枝也可发根成活。

科别：千屈菜科
学名：*Lagerstroemia subcostata*
生长形态：落叶乔木
野外生长环境：低中海拔山区或溪流河床
日照需求：半日照至全日照
土壤条件：一般壤土
开花期：夏季

九莒发达的根系几乎可以抓住任何材质的石块，在培养盆中附石成功之后，移入浅盆，整盆看起来就有一柱擎天的感觉。（盆高1.5厘米）

植株的生长并不尽如人意，这株九莒的根竟只发展了半边，于是在换盆时，干脆把没根的那面转至上方，让原有的一侧根系继续发展，就成了伸手迎客的模样。但枝桠太长不稳，记住要固定好。（左右宽58厘米）

九芎的生命力强，非常耐整修。圆胖的树干看起来单调，切去侧面的一半后，就变成历尽沧桑的老树形态，并且依然强健如昔。（盆高5厘米）

植物的另类栽培

　　大多数的园艺植物，都以长得茂盛作为栽培目标，这样的缤纷之美自然很能装饰住家。经过前几篇野趣盆栽的示范，或许您也想将家中原本茂盛的植物改头换面，培育另一种优雅气质的盆景。那么，您不妨试试从这些方向下手：改变盆钵与植物的配置，盆面略做修饰，附石或配青苔，植物只留下简单的造型枝条，让它们更迷你、更矮化，这样改变之后，是不是就能培育出更有味道的盆栽呢？

石上莲花

　　景天科的多肉植物，多数叶片都能繁殖，利用它天生耐旱的特性，育成附石盆栽极为合适。摘取石莲结实饱满的叶片，先置于一旁让小伤口风干，趁此时（约1小时）挑选、整理石材。石质坚硬的话，石上的裂缝至少要有1厘米的深度；质地松软的石材，缝隙或孔洞大小只要与叶片厚度相近即可。石材要浸入水中吸饱了水再取出，静置几分钟后观察这些裂缝、孔洞是否有积水的情形，要是过了一阵子仍是滞水，那么就得放弃此种植位置。石莲是非常怕潮湿的，勉强栽植于积水处难以成功。确定栽培位置后，将叶片尖端朝外，叶基部置入缝隙或孔洞中，大约三分之一的叶片进入即可。每个叶片的厚薄不同，缝隙、孔洞的大小也不同，以叶片轻轻一推入就能卡住的最为理想，若略有松动，可用一小块薄木片或一小段火柴棒、牙签顶住，或使用橡皮筋轻束于石上也行，但勿将叶片强行塞入，因破损的叶片很快就会腐烂。

　　几星期后，叶柄处会长出细细的根丝，并往石块内部发展，接着冒出稚嫩的小芽朝外发展，这段过程会依环境（温度、湿度、日照、通风）而有快慢的差异，也许一两个月后仍无动静，但只要叶片完整未萎缩，就有成功的可能，可不要有拉出来看看的念头。等新生的嫩芽逐渐粗壮后，老叶片会逐渐干缩，最后自行脱落，千万不要心急而强行去除老叶片。若为了美观，想去除老叶片，就可能把尚未牢固的细根扯出来或折断。等新苗长出后，石上莲花盆景也就完成了。

石莲的附石栽培

1.准备石材、石莲、橡皮筋。

2.以左右摇动方式，小心剥取叶片。

3.将叶片置入缝中，较大的孔洞也可放入整个茎端。

4.用橡皮筋将叶轻轻固定于石上。

小型品种的石莲，完全成熟后也不过两三厘米高。它们由基部发出走茎，走茎末端会有新株出现，若采用较小的新株植入极小的空间，还能变得更小。（石宽度6厘米）

置于墙头的石莲，不知何时被伏石蕨看上了，粗糙的石面很适合它攀爬的特性，不久也就慢慢蔓延开来。伏石蕨的生长能力肯定强过石莲，要注意别让它过于茂盛而影响了石莲的生长。

桌上小品猪笼草

猪笼草品种极多，主要分布在热带地区，引进国内栽培为观赏植物已有多年。它本是攀缘植物，叶尖发展为可捕虫的囊子，若施以重肥，这些囊子不会形成，只会是一段卷须。它要求高湿度的环境，在家中栽培时，可在囊子内装入约三分之一的水，猪笼草可由此吸收补充水分。因根系不发达，若囊中装太多水，植株会倾斜下垂。用扦插法就可轻易繁殖。取扦插后得到的新株前端的新枝再扦插，就能得到更小的植株，如此反复三四次之后，所得植株已经非常袖珍了，将它种在小小的盆钵里，就能一直维持迷你的小品状态。天冷时要移入室内明亮处，它是很怕冷的。

·猪笼草的捕虫囊由于重量会往下垂，用高盆能避免囊底因摩擦而破损，而且也能表现悬挂在半空中的美感。

播种后半年的生长情况。随着小苗越来越强壮，彼此发生严重推挤，必须用镊子将部分拔除，由于茎上都是细小的刺，千万别徒手摘除。

火龙果的仙人掌草原

　　火龙果果肉含有大量种子，发芽率极高，长出的小苗耐旱能力惊人，是很好栽培的植物。播种时要将细小的种子挑出很麻烦，只要挖取一块果肉压扁后铺于盆土中，上方再覆上约0.5厘米的细砂，就能顺利发芽，随着小苗成长，慢慢将太密集的小苗拔掉一些，可以维持两年的仙人掌草原观赏期。

（全株高35厘米）

粉扑花展现优雅树姿

　　粉扑花虽是外来植物，但早已被驯化，栽植为绿篱相当普遍。它是豆科植物，拥有一身细密枝叶，叶片在夜间及强烈日光照射下会合起来。它需要较多的水分，过干时会把一身绿叶都落光以减少水分蒸发，若尽快补充水分，大约10天会再萌新叶。它虽然有这种自保能力，但此发生两三次以后就别想有花可赏。花苞都着生在枝头上，所以修剪树姿最好在花后进行。粉扑花的枝桠瘦长，节间较宽，并不适合培养成茂密姿态，枝条稀疏、叶片细致，才能有优雅感。保持枝桠稀疏才能使下方枝叶接受日光，通风良好，叶片才不致经常变黄脱落。

　　扦插在春、夏都可，春季用绿枝，夏季用成熟枝作插穗。

茉莉花的瘤干栽培

　　用扦插法取得茉莉花当年生的成熟枝条，保留4个叶片，但把叶片剪去一半，可减少水分需求，也较不易摇动。扦插用土常保湿润，这样大约两个月就能长出好几条根来。春季一来，新生枝条稍硬化后，花苞随着出现，开花后可将花枝剪短，新芽发出后又会带来新花苞。根基部很容易变得奇形怪状，有时如瘤，有时如块状，树龄高的植株更是明显。在每次换盆时，不妨稍稍将根基部露出土面，几次之后，就有老干开花的景象。

（盆高3厘米）

栽一<u>丛</u>迷你菊

菊有许多品种，选择多年生的种类，才能培育成矮化丛生的可爱模样。先把植株培育得又粗又高，然后在只高出土面数厘米处截断，促使基部发出几个小芽。这些小芽的位置若太相近，可去除一些。小芽往上生长稍粗后，再判断是否修剪及修剪的位置，如此反复几次就能得到一丛强壮又饱满的迷你菊。在每次剪断至新芽长出前，要减少一半的给水，才不会因少了叶片的蒸发作用，而过湿烂根。剪取较粗的枝条扦插不但成活率高，也可节省许多培育时间。

（盆高2.5厘米）

雪茄花的附石栽培

雪茄花算是极好种的园艺植物，枝密、叶细，只要日照充足，长筒状的小花会不断冒出。它的根细密，生长迅速，在小盆中大概每年都得更换植土并修剪根系一次，才能维持健康生长。根虽细，但穿透力与附着力都不错，附在质地较松的石上很容易抱石，但需要选用稍大的盆钵，因石块本身会占据相当多的位置，植土不足就长不好。扦插就可繁殖，选用已硬化的老枝扦插能节省不少栽培时间。

（盆高5厘米）

文竹与武竹的露根

　　文竹、武竹常作为陪衬装饰的植物，单独植于盆中较显单调。不过若能维持盆土稍干的状态，植株会变得比较紧密，若能在春夏两季实施一次重剪（即全株自土表以上全部剪除），那么重新长出来的枝叶就会矮化、细致，如此一来，就适合种植于极小的盆钵中了。

　　文竹、武竹都适合露根，武竹一粒粒的块根原本是埋藏于土中的，种植时将它露出，颜色会由白转变为灰褐色，很是特别。偶尔在文竹叶片上喷水也会使叶片更为翠绿，在夏季能防止叶尖变焦变黄。可用分株法繁殖，将母株根部稍作清理后，按自己理想中的大小分割成数丛栽植。

文竹（盆高3厘米）

武竹（盆高3厘米）

小小叶的麻叶秋海棠

　　麻叶秋海棠的植株不小，露地栽培时高可超过1米，通常盆中栽植也有30厘米左右，这么大的体形并不适合家中摆饰。但若由成株上剪取一小截成熟的粗枝（带有越多芽点越好），斜插于松软、不易积水的植土中，就能发根发芽，等叶片长出后一次全部剪除，下回再长出的叶会小一半左右，待这些已变小的叶片成熟硬化后再剪一次，如此反复几次，就能变成小巧可爱的体形，而且这体形还能继续维持下去。

（盆高6厘米）

（盆高3厘米）

种一株月季树

　　月季是常见的蔷薇科植物，它的枝容易伸长，叶片也不算太小，植在盆中要勤于修剪才能保持娇小的模样。每次花后将开花枝剪短至只余一两节，它很快会萌出新芽，并在尖端带来一朵花。它们的花朵只开在新枝上，花后修剪才能常保有花。但也因常修剪的缘故，除了主干维持原状外，整株外形会不断改变，这也是栽培蔷薇的乐趣之一。图中所见的小小蔷薇树扦插5年，因经常修剪形成扭曲的树干。

此盆六月雪是用压条方式取得，盆中生长已两年。（盆高4厘米）

六月雪的根条繁殖

六月雪的园艺栽培非常普遍，常用来作为绿篱以及小型盆栽等。它叶色多，有全绿、白边、白斑，甚至接近全白的；花亦有白、粉红、红，单瓣、重瓣，但无论叶色、花色如何，生长形态都相同。因叶小枝密，需经常修剪才能保持内部通风及外形整齐。但入夏之后不要修剪得太短，因小花苞会在每个小分枝的尖端不断冒出。为了有花可赏，需等待天凉花谢之后再修剪。

六月雪最大的特点是可用扭曲的根来繁殖，因此很容易有造型奇特的作品出现。要注意的是，它不耐阴，摆置室内几天就开始落叶或徒长变形。一定要在阳光充足处栽培，室内摆饰也只以两三天为宜。根插时尽量选择两端粗细接近的根条，否则要将上粗下细的情形恢复正常，是要花相当时日的。

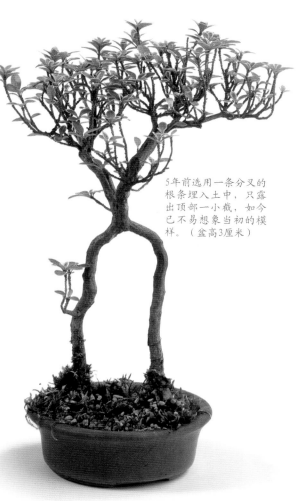

5年前选用一条分叉的根条埋入土中，只露出顶部一小截，如今已不易想象当初的模样。（盆高3厘米）

枇杷树林

　　枇杷果实的发芽率极高。有些果实中会有一粒大种子，有些则可能有2～3粒小种子，吃完枇杷可利用这些种子栽培出有趣的小森林。较大的种子会萌发较大的新苗，可把大种子安排在盆的中央位置，外围则排列较小种子，一发芽就能有不错的景致。不妨多播一些，待萌芽后觉得位置不佳或太拥挤再拔除。养在盆中的枇杷，不太会分枝而且叶片不小，可在新叶硬化后将叶片全部剪除，大约两星期左右会由旧叶柄处长出比原先小一些的新叶，一年中若修剪叶片三四次，叶片就能缩小至较理想的程度。但不可操之过急，务必等每次萌发的叶片都已成熟，以光合作用的方式替自己存下一些养分后，才能动手修剪。

（盆高3厘米，播种后五年）

清爽的竹盆景

　　竹类喜欢半日照且微湿的环境，土质以松软的壤土为宜。它生长迅速，尤其藏于土中看不见的竹鞭（地下茎）更是活力十足，在小盆中大约每两年就需取出剪除盘于四周的多余竹鞭，时间拖长了会使盆土变紧、变硬，使竹鞭生长不良，同时也不易由盆中取出。剪断的竹鞭可埋于其他盆中，很容易就能繁殖出新株。竹的优雅风情来自于柔软的枝梢，尽量别自竹秆中段剪断以求矮化，那会变为硬邦邦的竹桩，失去了竹的飘逸。应由控制水分来抑制增高，只要保持盆土湿润或有时稍干一些，在它能适应的情况下就不需多给水。另外，将枯黄的竹叶仔细剥除，是保持整个竹盆景清爽的小诀窍。

鹅掌柴的多干造型

　　鹅掌柴是常见的室内观赏植物，树形优雅清爽，没什么病虫害。除非急着把它种大，否则就不需施肥，这样可以维持理想的树姿，很久都不需动手修剪。它相当耐旱，在过湿又通风不良的情况下生长才会受威胁。常见盆钵底下置了一个水盘，盘内有积水，这就是生长不良的主因。装置水盘是为了防止盆土渗出或浇水时水溢流，而不是用来装水，后几天不用浇水的省力方法，通常10天不浇水鹅掌柴尚能无虞。选细小的枝扦插能培育成可爱的小盆栽；用压条方法就能取得双干或多干的树形。此外，它的气根比起榕树也毫不逊色。下图就是在浅盆中植了几年的鹅掌柴，由于下方空间有限，气根竟也垂下伸入土中。

（盆高2厘米）

（盆高3厘米）

洋紫荆的反复移植

洋紫荆是极为强健的树种，耐旱、生长快速，然而一到盆中，它的生长就变得极其缓慢。它的根系需要较大的空间，正因此将它作为盆栽树种很合适。在盆中它不会胡乱生长，省去了经常修剪的麻烦，但却能欣赏它逐渐老化的美感。扦插的成功率极高，可选取略具姿态的枝条作为插穗，稍加时日便有不错的树形出现。图中植株即是在5年前利用叉枝部分扦插培养至今的成果。修剪与换盆可以好几年进行一次。

像洋紫荆这类盆中生长缓慢的树种，虽经常在素烧盆中培育，但偶尔也可将它移至成品盆中观赏，几个月后再移回素烧盆中，这样的反复移植，不但不会造成伤害，反而可刺激其生长。

（盆高2厘米）

树头开花的珊瑚刺桐

珊瑚刺桐树干上的裂纹与鲜红的花朵极引人注目，只要日照充足，在盆中栽培也能开出动人的花朵。为了产生更多花朵，利用修剪来萌发新枝是必要的工作，但绝对不能操之过急。嫩绿色的枝条尚未成熟，茎是中空的，一旦剪了，不但不萌新芽，连原有的枝都可能干枯，须待枝条略呈灰白色且硬化之后才能剪短。此植物相当耐旱，盆土过湿非但不易开花且易造成烂根，并可能向上蔓延造成树身下半截也腐烂。扦插时，选择外皮已呈褐色的成熟枝条，嫩枝的中心部位是空的，插入土中极易腐烂，即使发根了，日后生长也不好。

（全株左右长60厘米）

图书在版编目（CIP）数据

野趣盆栽：珍藏版 / 林国承著.—福州：福建科学技术出版社，2014.7（2019.4重印）

（绿指环生活书系）

ISBN 978-7-5335-4575-8

Ⅰ.①野… Ⅱ.①林… Ⅲ.①盆栽－观赏园艺 Ⅳ.①S68

中国版本图书馆CIP数据核字（2014）第124607号

书　　名	**野趣盆栽（珍藏版）**	
	绿指环生活书系	
著　　者	林国承	
出版发行	海峡出版发行集团	
	福建科学技术出版社	
社　　址	福州市东水路76号（邮编350001）	
网　　址	www.fjstp.com	
经　　销	福建新华发行（集团）有限责任公司	
排　　版	视觉21设计工作室	
印　　刷	天津画中画印刷有限公司	
开　　本	700毫米×1000毫米　1/16	
印　　张	14	
图　　文	224码	
版　　次	2014年7月第1版	
印　　次	2019年4月第4次印刷	
书　　号	ISBN 978-7-5335-4575-8	
定　　价	49.00元	